畜禽种业标准解读与关键技术实操指南丛书

猪种业

标准解读与关键技术
实操指南

全国畜牧总站　组编

中国农业出版社
农村读物出版社
北京

畜禽种业标准解读与关键技术
实操指南丛书

本书编委会

主　编：赵小丽　刘望宏

副主编：田双喜　张雅惠

编　者（以姓氏笔画为序）：

田双喜　付亮亮　付雪林　刘　刚

刘代丽　刘望宏　孙志华　巫婷婷

杨云燕　杨清峰　张育润　张海燕

张雅惠　陈亚静　周　全　孟　飞

项　韬　赵小丽　赵恩泽　胡军勇

柳珍英　倪德斌　徐　丽　粟胜兰

靳婷婷

审　稿（以姓氏笔画为序）：

王　栋　王金勇　王爱国　刘　伟

赵小丽　施正香　倪德斌

　　畜禽种业是我国畜牧业生产的重要源头，而种业标准化是加强和规范畜禽遗传资源选育、保护、推广和利用的重要技术依据。随着我国《种业振兴行动方案》的全面实施，对生猪种业高质量发展提出了更高要求，该书的出版恰逢其时。

　　该书是我国"畜禽种业标准解读与关键技术实操指南丛书"之一，详细介绍了我国猪种业发展现状、法律法规及标准体系情况，同时按照标准原文、内容解读和实际操作的体例，分别对11项猪种业重要国家标准和行业标准内容进行了详细解析与阐述。全书图文并茂、条理清晰、语言流畅、知识性强，具有很强的可读性和实操性。该书出版发行必将对我国广大生猪种业及其商品养殖从业人员、种猪质量监督与检验检测人员、畜牧推广与科研人员，以及有关生猪育种与繁殖专业的学生都有很强的指导意义。同时，该书必然会促进我国科技工作者和生产者识标用标意识和能力的提高，称得上是一本优秀的实用工具书。

　　相信该书必将对我国生猪种业的健康发展起到极其重要的推动作用，为加快种业振兴作出应有的贡献。

中国工程院院士　陈焕春

2022 年 12 月

为了全面落实《种业振兴行动方案》的总体部署，提高畜禽种业的建设水平，推进畜禽种业的标准化进程，全国畜牧总站将陆续组织来自大专院校、科研机构和技术推广部门等有关单位的专家编写"畜禽种业标准解读与关键技术实操指南丛书"。本套丛书包括猪、牛、羊、禽等分册，系统介绍我国畜禽种业概况，同时采用图文并茂的形式，对当前最新版的畜禽种业重要国家标准或行业标准进行解读，重点阐述相关条款的制定依据、实质内涵，详细描述相应的关键实操技术，以便于标准使用者更好地掌握和落实标准内容，促使标准转化为生产力，提高我国畜禽种业的生产效率和技术水平。

《猪种业标准解读与关键技术实操指南》是"畜禽种业标准解读与关键技术实操指南丛书"的首部，收录并解读了 11 项国家标准和行业标准，包括 3 项育种常用的引入品种种猪国家标准，即《长白猪种猪》（GB/T 22283—2008）、《大约克夏猪种猪》（GB/T 22284—2008）、《杜洛克猪种猪》（GB/T 22285—2008）；4 项种猪育种繁殖国家标准和行业标准，即《种猪常温精液》（GB 23238—2021）、《猪常温精液生产与保存技术规范》（GB/T 25172—2020）、《猪人工授精技术规程》（NY/T 636—2021）、《种公猪站建设技术规范》（NY/T 2077—2011）；4 项种猪生产性能测定行业标准，即《种猪生产性能测定规程》（NY/T 822—2019）、

《瘦肉型猪胴体性状测定技术规范》（NY/T 825—2004）、《猪活体背膘厚和眼肌面积的测定　B 型超声波法》（NY/T 2894—2016）、《猪肉品质测定技术规程》（NY/T 821—2019）。本书全面、直观地描述了这 11 项标准重要条文的内涵，详细表述了种猪育种繁殖、生产性能测定标准中关键技术的实际操作，可操作性和实用性强，可作为猪繁殖育种工作者的工具书和培训资料，还可作为大众了解猪种业相关知识的科普读物。

　　由于时间紧、任务重，标准涉猎范围广，书中难免出现不足甚至谬误，恳请读者批评指正。

　　特别说明：为尊重原著，在条文解读中所使用的标题和内容均来自原文本，除明显差错外未作任何修改。

编　者

2022 年 12 月

CONTENTS 目录
猪种业标准解读与关键技术实操指南

序
前言

■ 第 1 章　种猪产业概况 /1
　　一、种猪产业发展现状 /1
　　二、种猪相关法律法规及标准体系 /4

■ 第 2 章　引入品种种猪标准 /8
　　一、《长白猪种猪》（GB/T 22283—2008） /8
　　二、《大约克夏猪种猪》（GB/T 22284—2008） /17
　　三、《杜洛克猪种猪》（GB/T 22285—2008） /20

■ 第 3 章　种猪育种繁殖标准与关键技术实操 /23
　　一、《种猪常温精液》（GB 23238—2021） /23
　　二、《猪常温精液生产与保存技术规范》
　　　　（GB/T 25172—2020） /61
　　三、《猪人工授精技术规程》（NY/T 636—2021） /79
　　四、《种公猪站建设技术规范》（NY/T 2077—2011） /99

第4章　种猪生产性能测定标准与关键技术实操 　/122

一、《种猪生产性能测定规程》(NY/T 822—2019) 　/122

二、《瘦肉型猪胴体性状测定技术规范》
　　(NY/T 825—2004) 　/152

三、《猪活体背膘厚和眼肌面积的测定　B型超声波法》
　　(NY/T 2894—2016) 　/167

四、《猪肉品质测定技术规程》(NY/T 821—2019) 　/178

主要参考文献 　/212

第1章

种猪产业概况

一、种猪产业发展现状

20世纪70年代末至90年代初，我国猪育种方向逐步由脂肪型、兼用型向瘦肉型转变。1978年后，我国科技工作者逐步开始利用引入猪种（如长白猪、大白猪和杜洛克猪等世界著名瘦肉型猪种）进行杂交选育，80年代中期后，培育了一批兼用型和瘦肉型新品种。至90年代末期，长白猪、大白猪、杜洛克猪等引入品种在我国实现本地化选育，其杂交品种因生长速度快、瘦肉率高而得到快速推广应用，很大程度上解决了我国猪肉供给的需求问题。我国养猪生产基本完成从脂肪型向瘦肉型的转变，同时集约化水平和规范化程度大幅提升，生猪年出栏量从1950年的6 000万头增长至2021年的近7亿头，70年实现了10倍以上的增长。随着人们生活水平的不断提高，部分育种公司和育种者已转向适应不同市场需求的专门化品系的培育，并配套生产。

我国猪种资源丰富，不仅有世界主流商业化品种，更有大量独有的地方品种，现存地方品种约占世界猪遗传资源的1/3。这些猪种资源不仅是新品种（配套系）的育种素材，更是生猪产业核心竞争力的关键。2021年1月，国家畜禽遗传资源委员会办公室发布的《国家畜禽遗传资源品种名录（2021年版）》收录猪地方品种、培育品种、引入品种及配套系合计130个；到2021年底，又陆续新增了1个地方品种、3个培育品种，总计134个。其中，马身猪等地方品种 84 个；新淮猪等培育品种 28 个；光明猪等配套系 14 个；引入品种 6 个，分别为大白猪（原用名为大约克夏猪）、长白猪、杜洛克猪、汉普夏猪、皮特兰猪和巴克夏猪；引入猪配套系 2 个，分别是斯格猪和皮埃西猪。大白猪、长白猪和杜洛克猪是我国猪育种与生产中，杂交利用最广泛的 3 个引入品种。

良种是保障生猪产业健康发展的重要基础。历经几十年发展，尤其是 2009 年农业部启动实施第一轮《全国生猪遗传改良计划（2009—2020 年）》以来，我国生猪种业自主创新能力持续提高，良种供给能力不断增强，夯实了生猪产业发展根基，保障了居民"菜篮子"里优质猪肉产品的供给。一是建成了相对完善的育种体系。遴选了 98 家国家生猪核心育种场和 6 家国家核心种公猪站，覆盖全国 23 个省、自治区和 4 个直辖市。组建了 15 万头的核心群，累计收集品种登记数据近 900 万条、有效性能测定数据 700 万条。建立了以场内测定为主的生产性能测定体系，组建了全国种猪遗传评估中心，定期发布种猪遗传评估报告，指导企业科学选育。二是种群生产性能水平不断提高。杜洛克猪、大白猪和长白猪重要经济性状遗传进展获得稳步提升，100 kg 体重日龄分别降低 9 d、6.7 d 和 5 d，大白猪和长白猪总产仔数分别提高 1.7 头和 1 头，基本形成了持续改良、稳步提升的良性循环。2012—2021 年，全国年均进口种猪 11 325 头，占核心育种群比例不到 10%，少量进口主要用于补充核心种源和更新血统。三是自主创新能力不断提升。以地方遗传资源和引进品种为素材，培育了 16 个新品种、新品系及配套系。开发了基因组育种新技术，建立了基因组选择平台，建成了国家级保护猪品种 DNA 特征库。区域性联合育种实体企业相继成立，在开展实质性联合育种工作上迈出了重要一步。总之，我国生猪种业已完成从引进吸收、改良提升向自主选育、创新追赶的转变，具备了从基础研究、技术创新、应用研究到成果推广的创新能力。在育种技术方面，与国际水平基本并行，部分领域国际领先，有了与国际先进水平同台竞技的基础。种猪性能持续提升，核心种源自给率达到 80% 以上，基本解决了我国生猪良种"有没有""够不够"的问题，为养猪业健康稳定发展提供了有力的种源支撑。

相对于我国现代生猪种业发展的需求，我国生猪育种工作已经具备了以下四个方面的基础条件。一是育种素材多元化，地方猪种资源丰富，引入品种已经基本适应我国不同地区的生态条件。二是育种依托单位有实力，以育种场、扩繁场、种公猪站、性能测定中心（站）、遗传评估中心和质量检测中心等为主体的生猪良种繁育体系已建立。三是育种技术有保障，生猪育种的技术和组织体系初步构建。四是培育的良种有出路，优良种猪需求旺盛。但我国生猪育种工作仍然存在如下薄弱环节。一是育种主体不强，企业育种积极性不高。企业是育种的主体，一方面，我国一些育种企业长期以来有"重引种、轻选育"的思想，实际上成了国外种猪的扩繁企业；另一方面，我国种猪企业多、小而散，高水平的商业育种企业少，企业研发和育种水平与国际一流水平差距大，育种新技术应用滞后。二是我国对地方猪种质特性缺乏系统研究。在我国生猪产业中，利用地方品种生产的商品肉猪所占比例不到10%，地方品种未得到有效挖掘与利用。近年开始重视地方品种的开发利用，但基础研究薄弱，种质特性缺乏系统研究，缺少持续性的育种工作，地方品种保护、选育与开发利用没有形成良性循环，缺乏影响面广的全国优质猪肉知名品牌。三是科技创新体制机制尚不完善。我国生猪种业尚未形成科研机构与企业定位清晰、分工明确、密切合作的科技创新体系，育种科技研发与商业化育种发展机制尚未健全；生猪种业企业自主创新能力薄弱，尚未形成育种科技投资和创新主体。四是基因组选择、表型值智能测定等关键技术应用滞后，疫病净化不到位等问题依然突出。

我国是世界上生猪生产与猪肉消费第一大国，稳产保供任务艰巨，必须有强有力的种业支撑。为全面实施《种业振兴行动方案》、解决我国生猪种业发展的短板弱项、确保种源自主可控、打好种业翻身仗，2021年，农业农村部印发了《全国生猪遗传改良计划（2021—2035年）》，明确了新一轮生猪遗传改良计划的目标与思路。总体目标是：到2035年，建成完善的商业化育种体系，自主创新能力大幅提升，核心种源自给率保持在95%以上；瘦肉型品种生产性能达到国际先进水平，保障更高水平的良种供给；以地方猪遗传资源为素材培育的特色品种能充分满足多元化的市场消费需求；种源生物安全水平显著提高；形成"华系"种猪品牌，培育具有国际竞争力的种猪企业3个~5个。总体思路是：坚持立足国内、自主创新、提质保供的发展战略，以推动种猪业高质量发展为主题，以国家生猪核心育种场、种公猪站、战略种源基地为抓手，以技术创新和机制创新为根本动力，大力支持专业化育种和联合育种发展，构建市场为导向、企业为主体、产学研深度融合的创新体系，逐步建立基于全产业链的新型育种体系，建成更加高效的生猪良种繁育体系，打造具有国际竞争力的现代生猪种业，引领和支撑生猪产业转型升级。

二、种猪相关法律法规及标准体系

中华人民共和国成立以来，国家对种畜禽管理一直非常重视，制定并出台了一系列种畜禽生产、销售、进口及出口等相关管理法规与文件。1950年11月24日，农业部、粮食部联合印发了《国营种畜场工作暂行条例（草案）》。1973年12月1日，农林部、外贸部发布《关于从国外引进种畜、种蜂实行归口管理的通知》。1976年4月23日，又发布了《关于加强种畜进口管理工作的通知》等。1994年4月15日，国务院颁布了《种畜禽管理条例》。随后，农业部相继出台了《种畜禽管理条例实施细则》《关于加强种畜禽管理的补充通知》《加强全国畜禽品种繁育体系建设的意见》《农业部关于促进现代畜禽种业发展意见》《种畜禽生产经营许可证管理办法》等。同时，各省、自治区、直辖市也根据各自的具体情况，制定了配套的地方性法规和规章，使管理工作更细化、更具体化，我国种畜禽管理法规体系初步建成。为适应国际畜禽资源保护形势的需要，国家相继制定或修订了10多部有关种畜禽管理的法律、法规和部门规章（表1-1）。

表 1-1 我国颁布实施的有关种畜禽管理的法律、法规和部门规章

名称	发布部门	颁布及修订时间
《中华人民共和国畜牧法》	全国人民代表大会常务委员会	2005 年 12 月 29 日发布 2015 年 4 月 24 日第 1 次修订 2022 年 10 月 30 日第 2 次修订
《中华人民共和国动物防疫法》	全国人民代表大会常务委员会	1997 年 7 月 3 日发布 2007 年 8 月 30 日第 1 次修订 2013 年 6 月 29 日第 2 次修订 2015 年 4 月 24 日第 3 次修订 2021 年 1 月 22 日第 4 次修订
《中华人民共和国进出境动植物检疫法》	全国人民代表大会常务委员会	1991 年 10 月 30 日发布
《中华人民共和国进出境动植物检疫法》	国务院	1996 年 12 月 2 日发布
《种畜禽管理条例》	国务院	1994 年 4 月 15 日发布 2004 年 7 月 1 日修订 2018 年 4 月 4 日废止
《农业转基因生物安全管理条例》	国务院	2001 年 5 月 9 日发布 2017 年 10 月修订
《种畜禽管理条例实施细则》	农业部	1998 年 1 月 5 日发布 2007 年 11 月 8 日废止
《种畜禽生产经营许可证管理办法》	农业部	1998 年 11 月 5 日发布 2004 年 7 月 1 日修订 2010 年 3 月 1 日废止
《进境动物遗传物质检疫管理办法》	国家质量监督检验检疫总局	2003 年 5 月 14 日发布
《畜禽标识和养殖档案管理办法》	农业部	2006 年 6 月 16 日发布
《优良种畜登记规则》	农业部	2006 年 6 月 5 日发布

（续）

名称	发布部门	颁布及修订时间
《畜禽新品种配套系审定和畜禽遗传资源鉴定办法》	农业部	2006 年 6 月 5 日发布
《畜禽遗传资源保种场保护区和基因库管理办法》	农业部	2006 年 6 月 5 日发布
《国家级畜禽遗传资源保护名录》	农业部	2006 年 1 月 1 日发布 2014 年 2 月 20 日第 1 次修订 2020 年 5 月 29 日第 2 次修订 2021 年 1 月 13 日废止
《国家畜禽遗传资源品种名录（2021 年版）》	国家畜禽遗传资源委员会办公室	2021 年 1 月 13 日发布
《关于加强种畜禽生产经营管理的意见》	农业部	2010 年 2 月 10 日发布
《家畜遗传材料生产许可办法》	农业部	2010 年 1 月 21 日发布 2015 年 10 月 30 日修订
《中国禁止出口限制出口技术目录》	商务部科学技术部	2001 年 12 月 12 日发布 2008 年 9 月 16 日第 1 次修订 2020 年 8 月 18 日第 2 次修订

　　畜禽种业标准化工作起步于 20 世纪 80 年代，当时根据工作需要，主要发布了一些涉及猪、牛、羊的种质资源相关标准，如《宁乡猪》《南阳牛》《中国荷斯坦牛》《湖羊》《牛冷冻精液》等。1999年，在农业农村部争取到农业行业标准制定专项后，畜禽种业标准化工作逐渐受到重视。2004 年，在全国畜牧业标准化技术委员会成立后，畜禽种业标准化工作取得了突破性进展。特别是近年来，随着我国持续深化标准化工作改革、大力推动标准化战略，基本构建了涉及猪、牛、羊、禽等 16 种畜禽，涵盖基础、资源保护与评价、品种、繁育技术、生产性能测定、遗传材料质量及检验等标准类别的高质量畜禽种业标准体系。目前，体系中现行有效标准 251

项（强制性国家标准 3 项、推荐性国家标准 128 项、推荐性行业标准 120 项），制定计划 53 项，修订计划 10 项。

猪种业标准是畜禽种业标准体系的重要组成部分。现行有效的标准有 68 项（强制性国家标准 1 项，推荐性国家标准 32 项，推荐性行业标准 35 项）。其中，基础类标准 1 项，即《畜禽品种标准编制导则　猪》；资源保护与评价标准 7 项，包括《畜禽遗传资源调查技术规范　第 1 部分：总则》《畜禽遗传资源调查技术规范　第 2 部分：猪》《家畜遗传资源濒危等级评价》《家畜遗传资源保护区保种技术规范》等；品种标准 42 项，包括《长白猪种猪》《大约克夏猪种猪》《杜洛克猪种猪》等引入品种的种猪质量标准，《二花脸猪》《金华猪》等地方品种标准，《北京黑猪》等培育品种标准和《天府肉猪》等配套系标准；繁育技术标准 7 项，包括《猪人工授精技术规程》《畜禽体细胞库检测技术规程》《畜禽基因组 BAC 文库构建与保存技术规程》等；生产性能测定标准 7 项，包括《种猪生产性能测定规程》《猪活体背膘厚和眼肌面积的测定　B 型超声波测定法》《猪肉品质测定技术规程》等；遗传材料质量及检验标准 4 项，包括《种猪常温精液》、《畜禽线粒体 DNA 遗传多样性检测技术规程》等。这些标准在推进畜禽种业转型升级中起到科技引领作用，同时推动了猪人工授精技术、基因工程技术、生产性能测定技术等在猪育种繁殖工作中的运用，大大推动了我国畜禽的良种化进程。

第2章

引入品种种猪标准

一、《长白猪种猪》（GB/T 22283—2008）

1. 术语和定义

【标准原文】

3.1

估计育种值　estimated breeding value；EBV

个体育种值的一个估计，表示该个体的种用价值，是一个数量性状表型值中可真实传递给下一代的部分，即个体加性效应值。

【内容解读】

在遗传育种中，性状一般分为质量性状、数量性状和阈性状。大多数畜禽的生产性状都属于数量性状，具有连续性和正态分布的特点。一个数量性状表型值中可遗传的部分，参与了特定数量性状所有基因座上基因的加性效应，这个加性效应之和称为育种值。育种值是不能直接度量的，能度量的是由包含育种值在内的各种遗传效应和环境效应共同作用得到的表型值。因此，只有利用统计方法，通过表型值与个体之间的亲缘关系来对育种值进行估计，由此得到的估计值称为估计育种值。在实际育种工作中，一个品种的选育往往是多个性状的选择。因此，多采用综合育种值开展选育工作，以获得更为理想的后代。

2. 外貌特征

【标准原文】

4 外貌特征

长白猪体躯长，被毛白色，允许偶有少量暗黑斑点；头小颈轻，鼻嘴狭长，耳较大向前倾或下垂；背腰平直，后躯发达，腿臀丰满，整体是前轻后重，外观清秀美观，体质结实，四肢坚实。

【内容解读】

长白猪，原名兰德瑞斯（Landrace），原产于丹麦，是世界上分布较广的著名瘦肉型猪种，是用英国大约克夏猪与丹麦本地猪杂交，于1895年育成的。而后被许多国家引入，并选育出各自的品系，如瑞系、德系、法系、英系、加系和美系等。其外貌特征和生产性能大多与丹麦长白猪相似。1964年，由我国农业部从瑞典初次引入。因其体躯长、毛色全白，故名长白猪，见图2-1、图2-2。

图 2-1 长白猪公猪

图 2-2 长白猪母猪

外貌特征主要包括全身不同部位的表型特征。其中，头部特征主要有耳型的大小与状态、嘴鼻长短宽窄、面部皱褶、毛色等；躯干特征主要有背腰的宽窄与平直程度、体躯长短、后躯丰满程度、腹线以及乳头分布情况等；四肢特征主要有粗细、高矮、蹄形等。体型外貌有体长、体宽、跗关节、系部和运动姿态等，不同部位的遗传力不同，见表 2-1。体型长是长白猪的主要特征，故肋骨对数可作为重要选育指标。肋骨对数越多体型越长，如丹麦长白猪的肋骨为 16 对，比大白猪和杜洛克猪多 1 对～2 对。

表 2-1 体型外貌不同部位的遗传力

性状	范围	平均
前肢	0.04～0.32	0.18
从前视的前肢	0.06～0.47	0.27
前肢骨	0.06～0.47	0.27
前肢系部	0.31～0.48	0.40
前脚趾	0.04～0.21	0.13
后肢	0.04～0.21	0.13
从后视的后肢	0.06～0.47	0.27
后肢跗关节	0.01～0.23	0.12
后肢系部	0.07～0.30	0.19
后脚趾	0.09～0.13	0.16
背	0.15～0.22	0.19
行动	0.08～0.13	0.11

3. 性能测定

【标准原文】

5 性能测定

5.1 生长发育性能、胴体品质测定按 NY/T 822—2004 执行。

5.2 繁殖性能测定按 NY/T 820—2004 执行。

【内容解读】

(1) 生长发育性能、胴体品质测定 随着我国种猪育种目标要求以及种猪产业发展需要，2004 年版的标准中规定的测定形式、测定项目及相应方法均有很大的变化。为此，2019年农业农村部对该标准修订发布。目前执行的是2019年版的NY/T 822。2019年版NY/T 822适用范围在原来的中心测定的基础上，增加了场内测定，并明确中心测定内容是生长性能（即生长发育性能）、胴体及肉质性状（其中胴体性状即胴体品质），场内测定内容是生长性能、繁殖性能。生长性能测定项目包括达目标体重日龄、测定期日增重、目标体重背膘厚、目标体重眼肌面积、饲料转化率，胴体性状测定项目包括宰前活重、胴体重、胴体长、平均背膘厚、眼肌面积、腿臀比例、胴体瘦肉率、屠宰率。同时，给出每个生长性能测定项目的测定或测算方法，明确胴体性状测定项目的测定方法按《瘦肉型猪胴体性状测定技术规范》（NY/T 825—2004）的规定执行。关于《种猪生产性能测定规程》（NY/T 822—2019）、《瘦肉型猪胴体性状测定技术规范》（NY/T 825—2004）将在本书中第4章进行详细解读，此处不再赘述。

（2）繁殖性能测定　《种猪登记技术规范》（NY/T 820—2004）规定了繁殖性能登记项目是胎次、总产仔数、产活仔数、寄养情况、21日龄窝重、育成仔猪数、哺育率，并给出相应的登记与测算方法。

4. 生产性能

【标准原文】

6　生产性能

6.1　繁殖性能

母猪初情期170日龄～200日龄，适宜配种日龄230 d～250 d，体重122 kg以上。母猪总产仔数初产9头以上，经产10头以上；21日龄窝重初产40 kg以上，经产45 kg以上。

6.2　生长发育

达100 kg体重日龄为180 d以下，饲料转化率2.8以下，100 kg

时活体背膘厚 15 mm 以下，100 kg 体重眼肌面积 30 cm² 以上。

6.3　胴体品质

100 kg 体重屠宰时，屠宰率 72% 以上，眼肌面积 35 cm² 以上，后腿比例 32% 以上，胴体背膘厚 18 mm 以下，胴体瘦肉率 62% 以上。肉质优良，无灰白、柔软、渗水、暗黑、干硬等劣质肉。

【内容解读】

（1）繁殖性能　母猪初情期是指母猪第一次发情并排卵的日龄，是母猪性成熟和获得繁殖能力的标志。母猪初情期的启动是在性腺轴（下丘脑—垂体—卵巢）调控下完成的，即母猪第一次卵泡成熟时，由下丘脑分泌促性腺激素释放激素刺激垂体分泌卵泡刺激素和促黄体素，卵巢在促性腺激素的作用下分泌睾酮、雌激素和孕激素，成熟卵泡进行排卵，进而启动母猪的第一次发情并达到性成熟。初情期的早晚与品种有关，我国地方品种早于引入品种。母猪初情期日龄是中等遗传力的重要经济性状，其遗传改良必将提高猪场的经济效益。适宜配种日龄（适配期）与初产的产仔猪有关，是非常重要的繁殖性状。配种过早不仅会妨碍母猪的自身生长发育，而且产生的后代体重减轻，体质衰弱或发育不良；配种过晚则会造成激素代谢紊乱，也影响母猪的正常发育和性机能活动。通常，瘦肉型猪的适宜配种日龄为 8 月龄左右。随着瘦肉型猪选育向着大体型、高繁殖性能方向发展，瘦肉型猪适配日龄也发生了变化。研究结果表明，长白猪 240 日龄～270 日龄配种的产活仔数较多，且 240 日龄配种的初生窝重、初生个体重、21 日龄窝重、28 日龄断奶仔猪数、育成率等繁殖性能略高于 270 日龄的；大白猪 220 日龄～240 日龄配种的繁殖性能高于 220 日龄以下配种的，且随着初配日龄的增加，所产仔猪初生重越大；杜洛克猪 230 日龄～290 日龄配种的总产仔数、产活仔数、分娩率等繁殖性能略高于其他日龄的。

（2）生长发育　达 100 kg 体重日龄是以出生日期、结测体重为基础的计算值，是评判生长速度的关键性状。本标准规定的 180 d 是最低要求，不同品系水平不同，有的品系达 100 kg 体重日龄已在

160 d 以下。值得指出的是，达 100 kg 体重日龄与日增重〔（结测体重－入试体重）÷测定天数〕高度相关。饲料转化率是衡量猪只在测定期饲料消耗量与增重之间关系的重要指标，数值越低说明饲料转化效率越高，是评判综合经济效益的指标。本标准规定的 2.8 是最低要求，目前部分品系可达 2.4 以下。

（3）**胴体品质** 屠宰率是评判个体产肉率的关键指标，且与宰前活重呈正相关，宰前活重越大屠宰率越高。本标准规定的宰前活重为 100 kg，但商品猪宰前活重正在向大体重方向发展。不同品种屠宰率差异较大，一般长白猪为 72% 以上，大白猪与杜洛克猪为 70% 以上。长白猪胴体眼肌面积要求较高，为 35 cm² 以上，这与长白猪体型宽、长有关；杜洛克猪体格较壮，眼肌面积要求为 33 cm² 以上；大白猪与长白猪、杜洛克猪相比体型偏小，因此要求也最低，眼肌面积要求为 30 cm² 以上。胴体背膘厚与活体背膘厚的测定部位不同，胴体背膘厚是背中线肩部最厚处、胸腰接合处（最后肋骨处）、腰荐接合处三点背膘厚测定值的平均值，即平均背膘厚；活体背膘厚是左侧倒数第 3、第 4 肋骨距背中线 5 cm 处的测量值。通常情况下，背中线的膘厚高于侧面的膘厚，背膘厚与瘦肉率呈负相关，背膘越厚瘦肉率越低。灰白（pale）、柔软（soft）、渗水（exudative）肉是一种劣质肉，通常简称为 PSE 肉；暗黑（dark）、干硬（firm & dry）肉是另一种劣质肉，通常简称为 DFD 肉。因此，肌肉品质测定结果是评判肉质优劣的重要指标。

5. 种用价值

【标准原文】

7 种用价值

7.1 体型外貌符合本品种特性。

7.2 外生殖器发育正常，无遗传疾患和损征，有效乳头数 6 对以上，排列整齐。

7.3 种猪个体或双亲经过性能测定，主要经济性能，即总产仔数、达 100 kg 体重日龄、100 kg 体重活体背膘厚的 EBV 值，资料齐全。

7.4　种猪来源及血缘清楚，档案系谱记录齐全。

7.5　健康状况良好。

【内容解读】

体型外貌是种猪种用价值的综合表现，其一致性可在一定程度上反映个体或群体的品种纯度。特别是在纯种繁育中，种猪是否优良，需要充分考虑其是否符合该品种所具备的典型外貌特征。

外生殖器发育情况是反映种猪是否具有繁殖后代能力的外在表现。例如，公猪的睾丸大小、对称性、附睾的发育状况等；母猪的外阴大小、发育状态等。有效乳头数是反映母猪泌乳和带仔能力的重要指标，本标准规定的 6 对是最低要求。目前，多数长白猪母本品系均已达到 7 对或 7 对以上的水平，这与大白猪的要求基本一致；杜洛克猪因作为父系品种，其要求略低于长白猪和大白猪，最低要求为 5 对。

性能测定是指在相对一致的条件下，对测定群个体本身的主要性状进行度量，并依据本身的记录资料对该个体的育种值作出评价和预测，以选出优良的种畜。长白猪和大白猪作为母系品种，主要利用的性状是繁殖性能。杜洛克猪作为终端父本，其生长性能为主要选择性状。种猪个体在出售时，一般只具有个体性能测定成绩，而不具备繁殖性状成绩，必须通过父母的信息结合个体信息估计育种值，并计算综合选择指数，用以评价种猪的性能水平。因此，我国生猪联合育种采用综合育种指数评价猪的生产性能。根据全国种猪遗传评估中心报告，截至 2022 年第一季度，国家生猪核心育种场 100 kg 体重背膘厚、达 100 kg 体重日龄和总产仔数的表型取得了一定进展，见图 2-3、图 2-4、图 2-5。

全国种猪遗传评估中心选择指数的内容为：杜洛克猪计算父系指数，长白猪和大白猪计算母系指数。在父系指数中，日龄和背膘

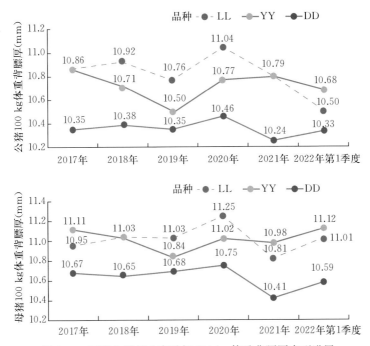

图 2-3 国家生猪核心育种场 100 kg 体重背膘厚表型进展

厚的相对重要性为 70% 和 30%；在母系指数中，日龄、背膘厚和产仔数的相对重要性为 30%、10% 和 60%。调整后的选择指数不设全国统一的性状 EBV 标准差，而是根据各个场实际情况计算出各个场的性状 EBV 标准差、未标准化前指数的平均数及标准差，结合 100 kg 体重背膘厚、达 100 kg 体重日龄和总产仔数这 3 个性状的估计育种值，分别计算杜洛克猪的父系指数和长白猪、大白猪的母系指数，父系指数包括 100 kg 体重背膘厚、达 100 kg 体重日龄 2 个性状，母系指数包括 100 kg 体重背膘厚、达 100 kg 体重日龄和总产仔数 3 个性状。

父系指数：

$$I = -0.7 \times \frac{EBV_{day}}{\sigma_{day}} - 0.3 \times \frac{EBV_{bf}}{\sigma_{bf}}$$

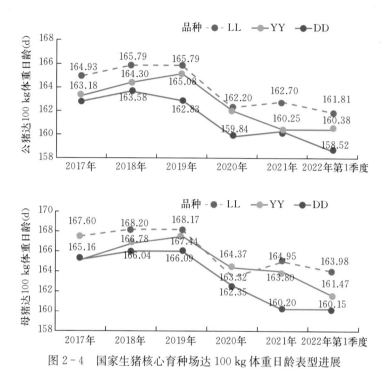

图2-4 国家生猪核心育种场达100 kg体重日龄表型进展

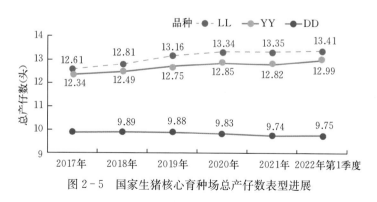

图2-5 国家生猪核心育种场总产仔数表型进展

其中：EBV_{day}为达100 kg体重日龄估计育种值；σ_{day}为达100 kg体重日龄估计育种值的标准差；EBV_{bf}为100 kg体重背膘厚估计育

种值；σ_{bf} 为 100 kg 体重背膘厚估计育种值的标准差。

将指数转化成平均数为 100，标准差为 25，则变成：

$$I^* = 100 + 25 \times \frac{I - \bar{I}}{\sigma_I}$$

其中：I^* 为标准化转化后的综合选择指数；$\bar{I}$ 为未标准化前的 I 平均数；σ_I 为未标准化前 I 的标准差。

母系指数：

$$I = -0.3 \times \frac{EBV_{day}}{\sigma_{day}} - 0.1 \times \frac{EBV_{bf}}{\sigma_{bf}} + 0.6 \times \frac{EBV_{tnb}}{\sigma_{tnb}}$$

其中：EBV_{day} 为达 100 kg 体重日龄估计育种值；σ_{day} 为达 100 kg 体重日龄估计育种值的标准差；EBV_{bf} 为 100 kg 体重背膘厚估计育种值；σ_{bf} 为 100 kg 体重背膘厚估计育种值的标准差；EBV_{tnb} 为总产仔数估计育种值；σ_{tnb} 为总产仔数估计育种值的标准差。

将指数转化成平均数为 100，标准差为 25，则变成：

$$I^* = 100 + 25 \times \frac{I - \bar{I}}{\sigma_I}$$

其中：I^* 为标准化转化后的综合选择指数；$\bar{I}$ 为未标准化前 I 的平均数；σ_I 为未标准化前 I 的标准差。

种猪来源是指其原产地，血缘是指系谱，档案系谱至少记录 3 代。

按照我国动物防疫法的要求，种猪应无国家规定的一、二类传染病，应健康状况良好。

二、《大约克夏猪种猪》（GB/T 22284—2008）

1. 外貌特征

【标准原文】

4　外貌特征

大约克夏猪全身皮毛白色，允许偶有少量暗黑斑点，头大小适中，鼻面直或微凹，耳竖立，背腰平直。肢蹄健壮、前胛宽、背阔、后躯丰满，呈长方形体形等特点。

【内容解读】

　　大约克夏猪又称大白猪，原产于英国的约克郡以及英格兰北部的邻近地区，以全身被毛纯白、体大而得名，分为大、中、小3型，目前，世界上分布最广的是大型。很多国家从英国引进大白猪，结合本地的具体情况先后培育成适合本国的大白猪品种，如美国大白猪、法国大白猪、加拿大大白猪等，我国最早在20世纪初引入。大白猪具有适应性强、繁殖力高、生长速度快、瘦肉率高、肉质好、体质结实等优良性能，在杂交繁育体系中经常作为第一母本使用，见图2-6、图2-7。

图2-6　大白猪公猪　　　　图2-7　大白猪母猪

2. 性能测定

【标准原文】

5　性能测定

5.1　生长发育性能、胴体品质测定按 NY/T 822—2004 执行。

5.2　繁殖性能测定按 NY/T 820—2004 执行。

【内容解读】

见本章长白猪种猪性能测定内容的解读。

3. 生产性能

【标准原文】

6　生产性能

6.1　繁殖性状

母猪初情期 165 日龄～195 日龄，适宜配种日龄 220 d～240 d，体重 120 kg 以上。母猪总产仔数初产 9 头以上，经产 10 头以上；21 日龄窝重初产 40 kg 以上，经产 45 kg 以上。

6.2　生长发育

达 100 kg 体重日龄为 180 d 以下，饲料转化率 2.8 以下，100 kg 时活体背膘厚 15 mm 以下，100 kg 体重眼肌面积 30 cm^2 以上。

6.3　胴体品质

100 kg 体重屠宰时，屠宰率 70% 以上，眼肌面积 30 cm^2 以上，后腿比例 32% 以上，胴体背膘厚 18 mm 以下，胴体瘦肉率 62% 以上。肉质优良，无灰白、柔软、渗水、暗黑、干硬等劣质肉。

【内容解读】

见本章长白猪种猪生产性能内容的解读。

4. 种用价值

【标准原文】

7　种用价值

7.1　体型外貌符合本品种特性。

7.2　外生殖器发育正常，无遗传疾患和损征，有效乳头数 6 对以上，排列整齐。

7.3　种猪个体或双亲经过性能测定，主要经济性能，即总产仔数、达 100 kg 体重日龄、100 kg 体重活体背膘厚的 EBV 值，资料齐全。

7.4　种猪来源及血缘清楚，档案系谱记录齐全。

7.5　健康状况良好。

【内容解读】

见本章长白猪种猪种用价值内容的解读。

三、《杜洛克猪种猪》（GB/T 22285—2008）

1. 外貌特征

【标准原文】

4　外貌特征

杜洛克猪全身被毛棕色，允许体侧或腹下有少量小暗斑点，头中等大小，嘴短直，耳中等大小、略向前倾，背腰平直，腹线平直，体躯较宽，肌肉丰满，后躯发达，四肢粗壮结实。

【内容解读】

杜洛克猪原产于美国东北部，由不同的红毛猪种组成基础群，其中纽约的红毛杜洛克猪、新泽西州的泽西红毛猪对该品种的贡献最大。泽西红毛猪是 19 世纪早期在新泽西育成的大体型、粗糙、多产的红毛猪种。从 1860 年开始，这两种红毛猪类群融合在一起。1883 年成立了 Duroc‑Jersey 登记协会，经长期选育形成了现在知名的杜洛克猪品种，广泛分布于世界各地。我国于 1936 年首次引入该品种，见图 2‑8、图 2‑9。

图 2-8　杜洛克猪公猪

图 2-9　杜洛克猪母猪

2. 性能测定

【标准原文】

5　性能测定

5.1　生长发育性能、胴体品质测定按 NY/T 822—2004 执行。

5.2　繁殖性能测定按 NY/T 820—2004 执行。

【内容解读】

见本章长白猪种猪性能测定内容的解读。

3. 生产性能

【标准原文】

6　生产性能

6.1　繁殖性状

　　母猪初情期 170 日龄～200 日龄，适宜配种日龄 220 d～240 d，体重 120 kg 以上。母猪总产仔数初产 8 头以上，经产 9 头以上，21 日龄窝重初产 35 kg 以上，经产 40 kg 以上。

6.2　生长性状

　　达 100 kg 体重日龄为 180 d 以下，饲料转化率 2.8 以下，100 kg

时活体背膘厚 15 mm 以下，100 kg 体重眼肌面积 30 cm² 以上。

6.3 胴体品质

100 kg 体重屠宰时，屠宰率 70% 以上，眼肌面积 33 cm² 以上，后腿比例 32% 以上，胴体背膘厚 18 mm 以下，胴体瘦肉率 62% 以上。肉质优良，无灰白、柔软、渗水、暗黑、干硬等劣质肉。

【内容解读】

见本章长白猪种猪生产性能内容的解读。

4. 种用价值

【标准原文】

7 种用价值

7.1 体型外貌符合本品种特性。

7.2 外生殖器发育正常，无遗传疾患和损征，有效乳头数 5 对以上，排列整齐。

7.3 种猪个体或双亲经过性能测定，主要经济性能，即总产仔数、达 100 kg 体重日龄、100 kg 体重活体背膘厚的 EBV 值，资料齐全。

7.4 种猪来源及血缘清楚，档案系谱记录齐全。

7.5 健康状况良好。

【内容解读】

见本章长白猪种猪种用价值内容的解读。

第 3 章

种猪育种繁殖标准与关键技术实操

一、《种猪常温精液》（GB 23238—2021）

1. 术语和定义

（1）种猪

【标准原文】

3.1
种猪　boar
体型外貌和性能质量符合本品种标准要求且具有种用价值的公猪。

注：来源于具有种畜禽生产经营许可证和动物防疫合格证的种猪场或公猪站，或有资质的种猪性能测定站。

【内容解读】

本标准中种猪特指种公猪。《种猪术语》（NY/T 3874—2021）第 4 章给出的定义"种公猪是指用于配种繁殖后代的公猪"。种猪的种用价值主要包括体型外貌和生产性能两个方面，只有当种猪同时具备这两个条件时，才具有种用价值。具备种用价值的种猪由于需要繁殖后代，要求应不携带国家有关规定的疫病，才能用于市场推广和应用。用于生产种猪常温精液的种公猪其体型外貌应符合本品种的外貌特征，其生产性能应达到或超过本品种标准规定的最低种用要求。种猪生产性能主要包括生长性能、繁殖性能、胴体和肌肉品质等。

种畜禽生产经营许可证是根据《畜牧法》第二十四条的规定：从事种畜禽生产经营或者生产经营商品代仔畜、雏禽的单位、个人，应当取得种畜禽生产经营许可证。动物防疫合格证是根据《动物防疫法》第二十五条的规定：开办动物饲养场等应申请发放动物防疫合格证。因此，获得以上两证是我国种畜禽场（站）从事生产经营活动的必备条件。

有资质的种猪性能测定站是指第三方检验检测机构。第三方检验检测机构应获得行政主管部门颁发的机构审查认可证书（简称CAL证书）和考核合格证书，并获得监督主管部门颁发的资质认定证书（简称CMA证书）。

以杜洛克种猪为例，种公猪应符合国家标准《杜洛克猪种猪》（GB/T 22285）的规定：外貌特征应符合该标准第4章的规定；生产性能应符合6.1条、6.2条和6.3条的规定。种公猪的来源应满足注释中提及的要求。

（2）常温精液

【标准原文】

3.2
常温精液　liquid semen
采集的种公猪原精液经稀释，但未经低温冷冻处理，在常温（16℃～18℃）下保存的精液。

【内容解读】

根据处理方式，精液可分为原精、常温精液和冷冻精液3种类型。刚采集的种公猪精液称为原精。使用稀释剂将原精按照一定的倍数稀释并分装后，保存在16℃～18℃条件下的精液称为常温精液。

猪精液保存在16℃～18℃条件下可以使精子处于休眠状态，减少精子运动和代谢，延长精液保存期。温度过低易造成精子休克或死亡；温度过高精子将处于活跃状态，大量消耗稀释剂中的营养成分，从而造成精子死亡和缩短保存期限。

常温精液具有扩大精液容量、延长精子存活时间及维持授精能力的优点，可增加受配母猪头数，充分提高优良种公猪精液配种利用率。同时也只有经稀释处理后，精液才能有效保存和运输。因此，猪的常温精液是充分发挥优良公猪覆盖率和人工授精技术优越性的重要途径。

(3) 精子密度

【标准原文】

3.3

精子密度　semen concentration
每毫升精液中所含的精子个数。

【内容解读】

精子密度是衡量一份精液质量的重要基础性指标，也是计算前向运动精子数的过程参数。总精子数包括活动精子数和死亡精子数，每毫升精液中的总精子个数即为精子密度。目前常用的精子密度测定方法有血细胞计数法、流式细胞仪法、分光光度法和精子质量分析系统自动计算等，并已开发出各类专用的精子密度测定仪。

(4) 精子活力

【标准原文】

3.4

精子活力　sperm motility
精液中前向运动精子活动的程度。

注： 当精液温度在 37 ℃左右时，以精液中前向运动精子数占总精子数的百分比表示。

【内容解读】

总精子数包括精液中的活动精子数和死亡精子数，其中活动精子其活动方式主要有前向式、旋转式和摆动式 3 种，前向式是指精子呈直线式运动；旋转式是指精子大约在一个精子大小的范围内呈旋转式运动；摆动式是指精子原地左右摆动而不能向前。本标准所指精子活力是指精液中呈前向式活动的精子数（前向运动精子数）占总精子数的比例，以百分比表示，反映了一份精液具有前向运动精子活动的一种程度。

只有前向运动精子才可能具有受精能力，更有机会达到受精部位。所以，精子活力与母猪情期受胎率及产仔数密切相关，是评定常温精液品质的核心指标之一。

母猪子宫或产道正常温度是 37 ℃。因此，在 37 ℃环境下，精子具有最佳活力，可以迅速获能并提升运动速度，到达受精部位与卵子结合。

（5）前向运动精子数

【标准原文】

3.5
前向运动精子数　number of progressively motile sperm
每剂量精液中呈前向运动精子的总数。

【内容解读】

前向运动精子数占比越高表明精子活力越高，受精能力越强。依据精子运动速度，前向运动可分为快速前进、中速前进和慢速前进 3 种类型。根据输精方式和受体的差异，每头母猪的输精剂量有所不同。例如，受体为引入品种和培育品种的母猪，采用常规输精方式进行输精，其剂量不低于 80 mL；而受体为地方品种的母猪，其剂量不低于 40 mL。

（6）畸形精子

【标准原文】

3.6
畸形精子　abnormal sperm
形态异常的精子。
注：包括但不限于大头、小头、原生质滴、卷尾、断尾等。

【内容解读】

精子形态包括正常精子和异常精子。正常精子经染色后，在显微镜下可见精子头部顶体呈均匀一致的紫红色，顶体上部的顶脊呈深紫红色，位于顶体基部的核环（赤道节）颜色略浅，呈规则的月牙形；颈、尾部呈淡紫红色，尾部细长，自中段、主段向终段逐步由粗变细，呈自然弯曲状态（图 3-1）。

异常精子不同于正常精子，包括头部畸形、尾部畸形和其他类畸形。头部畸形如大头精子（图 3-2）、小头精子（图 3-3）、圆头精子（图 3-4）、梨形头精子（图 3-5）、双头精子（图 3-6）等多种形态；尾部畸形如双尾精子（图 3-7）、尾部主段弯曲精子（图 3-8）、

图 3-1　正常精子
（来源：《家畜精子形态图谱》）

尾部终段弯曲精子（图 3-9）、尾部中段近心端弯卷（图 3-10）、原生质滴精子（图 3-11）、断尾精子（图 3-12）等多种形态。

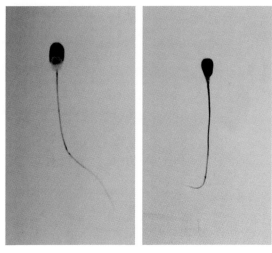

图3-2 大头精子　　图3-3 小头精子

图3-4 圆头精子　　图3-5 梨形头精子　　图3-6 双头精子

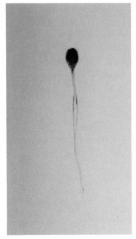

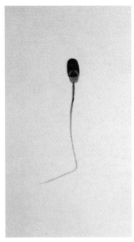

图 3-7　双尾精子　　图 3-8　尾部主段弯曲　图 3-9　尾部终段弯曲
　　　　　　　　　　　　　　　精子　　　　　　　　　精子

图 3-10　尾部中段近　　图 3-11　原生质滴精子　图 3-12　断尾精子
　　　　　心端弯卷

(来源:《家畜精子形态图谱》)

(7) 混合精液

【标准原文】

3.7
混合精液 pooled semen
同一品种两头及以上种猪的精液混合物。

【内容解读】

混合精液指同一品种两头及以上公猪精液稀释后混合生产的常温精液。混合精液主要用于商品猪的人工授精，不能用于纯种繁育。在大规模公猪站中，常常使用混合精液进行批量生产，以达到精液批次化生产目的。

(8) 批次

【标准原文】

3.8
批次 batch
同一生产线、同一时间，使用同一份或混合精液稀释分装生产的一批常温精液产品。

【内容解读】

同一头公猪的精液或混合精液在同一时间分装得到的全部产品为一个批次，批次是产品抽样检验的基础。同一时间、同一生产工艺、同一生产设备、同一精液来源、同一操作人员、同一环境条件（温度、湿度），保障同一批次产品质量基本相同，各指标检测的重复性限和再现性限最小，满足产品可追溯性要求。

(9) 保质期

【标准原文】

3.9
保质期 shelf life

自产品生产之时起，在满足种猪常温精液产品规定的保存和运输条件下，其产品符合质量要求的最长期限。

【内容解读】

根据《产品质量法》第三十五条："销售者不得销售国家明令淘汰并停止销售的产品和失效、变质的产品。"常温精液作为产品应有保质期，其保质期是指从生产之时至产品失效的保存时间。在保质期内，常温精液产品必须按照标签上的保存条件和运输条件进行保存和运输，以保障产品质量符合标签上标注的指标要求。

2. 技术要求

【标准原文】

种猪常温精液质量应符合表1的规定。

表1　种猪常温精液质量要求

项目	受体为引入品种、培育品种		受体为地方品种
	常规输精	深部输精	
剂量/mL	≥80.0	≥60.0	≥40.0
精子活力/%	≥60.0	≥60.0	≥60.0
前向运动精子数/(10^8 个/剂)	≥18.0	≥12.0	≥10.0
精子畸形率/%	≤20.0	≤20.0	≤20.0

【内容解读】

在猪人工授精中，接受输精的对象即为受体，本标准中的受体指引入品种、培育品种和地方品种母猪。引入品种指从国外引入的瘦肉型猪种，如长白猪、大白猪、杜洛克猪等。培育品种指利用引入品种与地方品种杂交育成的品种或配套系，如北京黑猪、鲁烟白猪、新淮猪、天府肉猪等。地方品种是中国地方猪资源，如二花脸猪、圩猪、民猪等。

本标准根据常温精液特性、不同受体生殖特点和输精方式，规定了种猪常温精液产品质量要同时达到表1中剂量、精子活力、前向运动精子数和精子畸形率4项指标的最低限值，才是合格品。这样规定主要考量如下。

（1）以剂量、精子活力、前向运动精子数和精子畸形率4项指标作为精液质量衡量指标的原因

① 剂量。剂量是保证前向运动精子数的前提。世界各国猪人工授精数据（表3-1）显示，80 mL～100 mL剂量是保证受胎率的重要条件之一。

表3-1　世界各国每次输入发情母猪的总精子数和输精剂量

国家	稀释液种类	总精子数（亿/剂）	输精剂量（mL）
巴西	KIEV、BTS	25～35	80～100
加拿大	BLI、BTS、Modena	25～30	70
丹麦	KIEV	20	85
法国	BTS	30	100
荷兰	BTS	30～40	80～100
挪威	BTS	20	100
西班牙	MR-A	23～60	100
瑞典	KIEV	30	100
英国	BTS、Reading、SCK-7、ZORPVA	10～30	75
德国	BTS、KIEV	25	80～100
美国	KIEV、BTS、Modena	30～35	80～100
芬兰	KIEV、MR-A	20～50	100

② 剂量、精子活力与前向运动精子数。某猪场试验结果表明（表3-2）：受体为引入品种，采用剂量80 mL、每剂量前向运动精子数约18亿的精液产品进行常规输精，产仔数最高，输精剂量小于80 mL受胎率有下降趋势。

③ 精子畸形率。文献表明，精子畸形率低于20%，母猪的繁殖性能才能不受影响。

表3-2 某猪场不同剂量与精子数常规输精比对试验结果

	项目	1	2	3	4	5	6
试验设计	母猪品种	长大	长大	长大	长大	长大	长大
	胎次	3.22±1.83	3.35±1.35	3.88±1.28	3.60±1.72	3.65±1.56	3.65±1.68
	配种数量（头）	40	40	40	40	40	40
	剂量（mL）	80	80	80	60	60	40
	总精子数（亿/剂）	40	30	20	30	20	20
	前向运动精子数（亿/剂）	24	18	12	18	12	12
	精子密度（亿/mL）	0.50	0.38	0.25	0.50	0.33	0.50
试验结果	受胎率（%）	90.0	92.5	92.5	90.0	87.5	90.0
	总产仔数（头/窝）	12.56±1.27a	12.08±1.32ab	11.19±2.04c	11.31±2.15bc	10.69±1.53cd	10.33±1.88d
	产活仔数（头/窝）	12.14±1.27a	11.78±1.18a	10.81±1.85bc	11.00±2.00b	10.57±1.48bc	10.06±1.94c

注：表中同行不同小写字母表示差异显著（$P<0.05$），相同字母表示差异不显著。

（2）**受体为引入品种、培育品种和地方品种母猪，产品剂量存在差异** 本标准对受体进行了明确规定。由于地方品种子宫及生殖道容积较小，为防止输精后精液倒流，经生产试验探索，地方品种40 mL～50 mL输精剂量不会引起精液倒流，且能保证情期受胎率和窝产仔数不会降低。培育品种由于具备引入品种血统和子宫及生殖道容积，故与引入品种输精量一致。生产试验表明，80 mL～100 mL输精剂量不会引起情期受胎率和窝产仔数下降。

（3）**受体为引入品种、培育品种母猪，输精方式不同，产品质量存在差异** 输精与子宫容积和生殖道容量有关。在选育过程中，引入品种和培育品种朝大体型方向发展，子宫和生殖道容量变大，故常规输精的输精剂量80 mL（前向运动精子数≥18亿）可以满足生产需求。由于深部输精部位一般在子宫体底部，大幅缩短了精子运动的距离。因此，所需剂量和精子数均可适度降低。生产试验数据表明（表 3-3、表 3-4），采用深部输精方式时，引入品种输精剂量降到 60 mL（前向运动精子数≥12 亿），母猪繁殖性能不受影响。同时，表 3-3 试验结果显示：采用深部输精 60 mL 和 20 mL 两种剂量，受胎率分别提高了 2.97% 和 3.40%；深部输精 60 mL 试验组窝产仔数提高 0.78 头，但差异不显著，深部输精 20 mL 试验组窝产仔数下降 0.30 头，且窝产活仔数也呈现同样的趋势。

表 3-3 某猪场大约克夏母猪常规输精与子宫深部输精对比

项目	常规输精 80 mL 组	子宫深部输精 60 mL 组	子宫深部输精 20 mL 组	与常规输精 80 mL 组相比	
				子宫深部输精 60 mL 组	子宫深部输精 20 mL 组
输精母猪数（头）	24	21	22	—	—
受孕母猪数（头）	21	19	20	—	—
情期受胎率（%）	87.50a	90.47b	90.90b	2.97	3.40
窝产仔数（头）	12.90a±2.49	13.68b±3.74	12.60a±4.50	0.78	−0.30
窝产活仔数（头）	11.52a±2.60	12.37b±3.59	11.00a±4.03	0.85	−0.52

资料来源：伏军、魏斌、卢建福等，《云南陆良县母猪子宫深部输精与常规输精对比试验研究》。

注：表中同行不同小写字母表示差异显著（$P<0.05$），相同字母表示差异不显著。

表 3-4 某公司深部输精试验结果

	项目	1	2
	母猪品种	长白	大白
	配种数量（头）	86	213
试验设计	胎次	2.88±2.13	6.01±2.17
	剂量（mL）	60	60
	前向运动精子数（亿/剂）	12	12
试验结果	总产仔数（头/窝）	14.67±2.74	15.23±3.16

（4）受体为地方品种，则不区分常规输精与深部输精　研究结果显示，地方品种采用深部输精与常规输精比较（表3-5），深部输精前期操作时间比常规输精时间长20 s，但精液输入时间却比常规输精短46 s。因此，整个输精过程比常规输精短26 s，差异不显著。不同配种方式对经产母猪繁殖力的影响见表3-6，采用深部输精后，其受胎率和分娩率分别为93.33%和88.33%，与常规输精组相比有所提高，分别提高6.66%和5.00%，但差异不显著。可见，地方品种深部输精未能明显提高输精效率，也未能明显增加经产母猪的受胎率和分娩率。这一结论与引入品种和培育品种深部输精的研究结论有一定差别。

表3-5　对地方猪深部输精与常规输精时间的比较结果

组别	前期操作时间	精液输入时间	总时间
A-I	51″	4′3″	4′54″
B-I	31″	4′49″	5′20″
显著性检验	$P<0.01$	$P<0.05$	$P>0.05$

资料来源：张腾、渊锡藩、江中良等，《采用深部输精与常规输精研究不同剂量和有效精子数对经产母猪繁殖力的影响》。

注：前期操作时间指从涂润滑剂开始到输精管锁紧子宫颈为止的时间间隔。

表3-6　不同配种方式对经产母猪（地方猪品种）繁殖力的影响（$n=60$）

组别	受胎率（%）	分娩率（%）
A-I	93.33	88.33
B-I	86.67	83.33

资料来源：张腾、渊锡藩、江中良等，《采用深部输精与常规输精研究不同剂量和有效精子数对经产母猪繁殖力的影响》。

注：弱仔数指出生体重低于0.8 kg的仔猪。表中同列不同字母表示差异显著（$P<0.05$），相同字母表示差异不显著。

3. 抽样

【标准原文】

5.1　抽样方法

5.1.1　出厂检验

以每批次生产份数为基数，随机抽取样品，抽取份数取整数且不少于基数的10%。

5.1.2　型式检验

以每批次生产份数为基数，随机抽取样品，抽取份数取整数且不少于基数的15%。

【内容解读】

（1）**抽样**　抽样是从某一批次全部精液产品中随机抽取一部分产品作为代表性检测样品的操作，其目的是用代表性样品的检测结果来评价某一批次精液产品的质量，可用于生产企业分析不合格的原因并加以解决，也可用于第三方监督检验以促进行业的不断规范和进步。根据检验的重要性、经济性和精液产品的特点，出厂检验的抽样比例设定为10%，而型式检验设定为15%。

（2）**检验**　检验是以抽样样本为对象，确定核查总体（也称监督总体）质量水平是否符合事先规定质量水平的一种检查方式。国际标准ISO 94中将检验定义为"对实体的一个或多个特性进行诸如测量、检查、试验或度量，并将结果与规定要求进行比较以确定各项特性合格情况所进行的活动"。本标准中，检验的实质是确定精液产品质量是否符合本标准规定的要求，需要检测剂量、精子活力、前向运动精子数和精子畸形率等指标，通过检测数据做出符合性判定和实施处理的结论。

检验的目的：①判断该批次精液产品质量是否合格；②确定精液生产流程是否符合生产规范，为质量改进提供依据；③收集质数据，提供精液产品质量统计考核指标的状况，为质量改进和质量管理活动提供依据；④当供需双方因产品质量问题发生纠纷时判定质量责任。

（3）检验的分类

① 出厂检验。出厂检验是指第一方（即生产方）检验，标准规定必须检测剂量、精子活力和前向运动精子数 3 项指标，精子畸形率作为可选指标。对于生产企业，出厂检验是保证该批次产品的质量与事先规定的质量水平一致的一项重要措施。出厂检验要求被抽样对象必须是同批次的产品，抽样数量与产品基数有关。本标准规定，出厂检验每批次抽取份数取整数且不少于基数的10％。例如，某一批次产品基数为 123 份，按照抽样规则，随机抽取的样品份数应为：123 份×10％＝12.3 份，因要求"不少于基数的10％"，则小数向前进一取整，因此该批次产品的抽样数量应为 13 份。

② 型式检验。型式检验是指第三方检验，依据产品标准，由具有资质的质量技术监督部门或检验机构对产品抽样，全面检验产品各项指标的一种检验方式。型式检验的检验项目为技术要求中规定的所有项目，即剂量、精子活力、前向运动精子数和精子畸形率 4 个指标。

型式检验用于以下情况之一：a. 生产工艺及设备有重大变更时；b. 所用生产原料有重大变化时；c. 种猪发生疾病或统一注射疫苗时；d. 停产 3 个月以上恢复生产时；e. 出厂检测结果与上次型式检测结果有较大差异时；f. 监督管理部门提出要求时。

型式检验的结果可用于对企业产品的全面质量评定。本标准规定，型式检验每批次抽取份数取整数且不少于基数的15％。例如，某一批次产品基数有 123 份，按照抽样规则，随机抽取的样品份数应为：123 份×15％＝18.45 份，因要求"不少于基数的15％"，则小数向前进一取整，因此该批次产品的抽样数量应为 19 份。

4. 检验规则

【标准原文】

7.2 判定规则

7.2.1 样品判定规则

7.2.1.1 所检项目全部符合本文件规定时，则判定该样品合格。

7.2.1.2 检测结果中有任何项目不符合本文件规定时，则判定该样品不合格。若该样品在其保质期内可进行复检，复检结果全部符合本文件规定时，则判定该样品合格，复检结果有任何项目不符合本文件规定时，则判定该样品不合格；若该样品已不在其保质期内，则不得复检。

7.2.1.3 各项目检测结果的极限数值判定按 GB/T 8170 中修约值比较法执行。

7.2.2 每批次产品的判定规则

每个批次的产品中所有抽检样品合格，则判定该批次的产品合格；其中有任一抽检样品不合格，则判定该批次的产品不合格。

【内容解读】

（1）**检验合格** 检验合格指按照本标准附录 A 给出的检验方法对所抽取的全部样品进行检测（抽样检验），并将检测结果与本标准表 1 进行比对，所有检测项目的检测结果均符合表 1 的规定。受体为引入品种和培育品种，常规输精：剂量≥80.0 mL，精子活力≥60.0%，前向运动精子数≥18.0 亿，精子畸形率≤20%。深部输精：剂量≥60.0 mL，精子活力≥60.0%，前向运动精子数≥12.0 亿，精子畸形率≤20%。受体为地方品种，剂量≥40.0 mL，精子活力≥60.0%，前向运动精子数≥10.0 亿，精子畸形率≤20%。符合以上标准则该样品为合格产品，即检验合格。

（2）**检验不合格** 抽样检测结果中有任何一项检测结果不符合

本标准表1的规定，则判定该批次产品为不合格。例如，抽检样品的受体为引入品种和培育品种，输精方式是常规输精，其检测结果为剂量79.2 mL，该检测结果不符合本标准表1的规定（剂量≥80.0 mL），则应判定该批次产品不合格，即检验不合格。若精子活力为59.6%，样品仍在保质期内，可进行复检，同一份种猪常温精液产品的精子活力复检结果为59.3%，则仍然判定该批次样品不合格。复检是指样品的某一个或多个项目检测不合格时，且样品仍在保质期内，须按照标准附录的方法进行重复检验。

（3）**检测结果的极限数值修约** 所检项目结果按照《数值修约规则与极限数值的表示和判定》（GB/T 8170—2008）中3.2规定的取舍规则进行。取舍规则总结为"四舍六入，五看单双"。以保留至小数点后一位为例，四舍：拟舍弃的最左一位数字小于5，则舍去，如剂量值82.44 mL，修约为82.4 mL。六入：拟舍弃的最左一位数字大于5，则进一，如剂量值82.46 mL，修约为82.5 mL。五看单双：①当拟舍弃的最左一位数字是5，且其后有非0数字时进一，如剂量值82.551 mL，则修约为82.6 mL；②当拟舍弃的最左一位数字是5，且其后是0数字或无数字时，若保留末尾数字为奇数（1、3、5、7、9）进一，如剂量值82.150 mL或82.15 mL，修约为82.2 mL；③当拟舍弃的最左一位数字是5，且其后是偶数（0、2、4、6、8）时，则舍去，如剂量值82.254 mL或82.250 mL，或82.25 mL，修约为82.2 mL；④数据不可连续修约。

（4）**检测结果的极限数值判定**

① 判定规则。各项目检测结果的极限数值判定按《数值修约规则与极限数值的表示和判定》（GB/T 8170—2008）中4.3规定的修约值比较法执行。GB/T 8170—2008中修约值比较法内容总结为测定值或计算值进行修约，修约数位应与规定的极限数值位数一致；修约后数值与极限值进行比较，只要超出或低于极限数值规定的范围（不论超出或低于的程度大小），都判定为不符合要求。

② 样品判定与批次判定。样品判定与批次判定操作如下，以剂量检测结果判定举例说明。

a. 检测。按照本标准附录 A.1 操作，称量引入品种（常规输精）袋装样品，剂量结果为 79.94 mL。

b. 对结果进行修约。按照本标准附录 A.1 要求，保留至小数点后一位，按照《数值修约规则与极限数值的表示和判定》（GB/T 8170—2008）修约值为 79.9 mL。

c. 将检测结果与极限值比较。剂量的极限值是≥80.0 mL，将修约值与极限值进行比较，79.9＜80.0。

d. 对样品结果进行判定。依据本标准 7.2 判定规则，任何一个项目不符合本标准规定时，则该样品不合格。剂量 79.9 mL 不符合 80.0 mL 的规定，所以本样品不合格。

e. 批次结果判定。该批次中有样品不合格，则该批次产品不合格。

5. 标签和随行文件

【标准原文】

8.1　标签

标签要求如下：

a) 应易于识别，不易脱落或损坏。

b) 应使用规范的汉字对产品信息进行说明。

c) 应标识但不限于如下信息：

1) 产品通用名称、种猪品种及个体编号、生产企业名称及联系方式、生产时间、适用受体、授精方式、保存条件、保质期，以及第 4 章规定的项目指标。

2) 非生产企业经营常温精液产品时，其标签信息还宜包括经营企业的名称和联系方式等。若是混合精液，则应加以注明（可不注明种猪个体编号）。

3) 使用电子标签（如二维码标签）的标签信息至少应包括本

条款规定的信息，还可包括生产企业商标或徽标，以及可追溯的其他信息。

8.2 随行文件

随行文件至少应包括种畜禽生产经营许可证和动物防疫合格证的复印件，以及种猪系谱档案（混合精液除外）等复印件。

【内容解读】

（1）标签 商品化的种猪常温精液产品必须按照本条款标签的有关规定执行。非商品化种猪常温精液产品是指自繁自用且不对外出售（未进入经营销售流通环节）的产品，可不按照本条款的规定执行。标签是标识产品目标分类和信息的一种必备载体。

① 标签标识内容来源于《中华人民共和国产品质量法》第二十七条要求。产品或者其包装上的标识必须真实，并符合下列要求：a. 有产品质量检验合格证明；b. 有中文标明的产品名称、生产厂厂名和厂址；c. 根据产品的特点和使用要求，需要标明产品规格、等级、所含主要成分的名称和含量的，用中文相应予以标明；需要事先让消费者知晓的，应当在外包装上标明，或者预先向消费者提供有关资料；d. 限期使用的产品，应当在显著位置清晰地标明生产日期和安全使用期或者失效日期；e. 使用不当容易造成产品本身损坏或者可能危及人身、财产安全的产品，应当有警示标志或者中文警示说明。

裸装的食品和其他根据产品的特点难以附加标识的裸装产品，可以不附加产品标识。

② 非生产企业。指自己不生产种猪常温精液，仅作为中间商代理或经营销售精液产品的企业。非生产企业代销精液产品时，为保障精液产品来源的合法性、质量可追溯性，标签信息还需包括经营企业的名称和联系方式等。若是混合精液，则应加以注明（可不注明种猪个体编号）。

综上，为了方便常温精液产品的使用者能够更好地识别和了解该产品，以实现标签作为标注产品信息、树立企业品牌形象的功能，并具有可追溯性。本条款给出的三点要求中，c）规定的是各类企业在标签上标识的必备信息。

以杜洛克猪种猪常温精液（深部输精）产品为例说明：纸质标签见图3-13A，二维码标签见图3-13B。

产品名称：种猪常温精液；品种：杜洛克(美系)；
公猪编号：D28050；用途：深部输精；受体：二元及其他
剂量：≥60mL；精子活力：≥60.0%。
前向运动精子数：≥12亿/剂；畸形率：≤20.0%
生产日期：2022年6月18日上午10:00；保质期：120 h
保存条件：16℃~18℃，避光保存
生产企业：***　　　　　　　；联系电话：***

A　　　　　　　　　　　　　　　　B

图3-13　标签式样

A. 纸质标签式样　B. 二维码标签式样

（2）**随行文件**　本条款规定种猪来源于具有种畜禽生产经营许可证和动物防疫合格证的种猪场或公猪站，或有资质的种猪性能测定站。商品化种猪常温精液在生产、经营和销售过程中，以上两证是种猪常温精液产品流通的必要随行文件。而作为纯种个体的常温精液产品（非混合精液）还应随行附有种猪的个体系谱档案。系谱档案是记录种猪系谱及基本信息的一份基础资料，在实际生产中是识别种猪个体差异、避免近亲繁殖、分析遗传多样性可依据的资料。以上"两证一档"随行文件的样式见图3-14，在实际生产中可以以纸质版（含复印件）或电子版的形式出现。

A　　　　　　　　　　　　　　　　B

种公猪系谱

种猪档案证明

耳号：012505
个体号：DDBBSCB16012505
出生地点：原种场
品种：美系杜洛克
出生日期：2016-05-05
性别：公
出生重：1.58
同窝仔猪数：9
乳头数：左7 / 右7
出生胎次：5

系谱

DDBBSCB16012505
- DDBBSCB15009911
  - DDBBSCB13000603
    - DDUSA0012002507
    - DDUSA0012020101
  - DDUSA0013042901
    - DDUSA0011017107
    - DDUSA0011048503
- DDBBSCB13000302
  - DDUSA0012011205
    - DDUSA0011014408
    - DDUSA0011014509
  - DDUSA0012015203
    - DDUSA0011012908
    - DDUSA0011006901

生长测定成绩

100 kg体重 日龄(d)	日增重 (g)	体尺(cm)							活体背膘 (mm)	活体眼肌 面积(cm²)	饲料 转化率
		体长	胸围	体高	管围	胸深	胸宽	臀宽			
161.36	924.5								10.7		

遗传评估成绩

	父系 指数	母系 指数	繁殖 指数	100 kg 体重日龄	背标 厚	眼肌 面积	饲料 转化率	活仔	21日龄 窝重	断奶至 再配天数
育种值	116.55	112.560	106.64	−0.73	−0.342		−0.004	−0.029	2.40	−0.13

C

图3-14 随行文件

A. 种畜禽生产经营许可证 B. 动物防疫合格证的复印件 C. 种猪系谱档案

6. 种猪常温精液产品质量检测方法

(1) 剂量

【标准原文】

A.1 剂量

A.1.2 试验步骤

接通电子台秤电源，开机，检查电子台秤的运行情况。在

18 ℃～25 ℃室温条件下，将电子台秤清零后，从恒温箱中取出待检产品，置于台秤称量盘上，记录显示值为 W_1。使用与受检产品同一批次、未使用的空包装，或全部项目检测完毕，倒出内容物清洗并干燥的空包装，置于电子台秤称量盘上，记录显示值为 W_2。

A.1.3　试验数据处理

剂量按式（A.1）计算：

$$W = W_1 - W_2 \cdots\cdots\cdots\cdots (A.1)$$

式中：

W——样品剂量值，单位为毫升（mL），计算时按 1 mL 相当于 1 g 进行换算；

W_1——样品与包装的称量值，单位为克（g）；

W_2——空包装的称量值，单位为克（g）。

计算结果保留至小数点后 1 位，按 GB/T 8170 的规定进行修约。

【内容解读】

剂量是一份常温精液最基础的要求，因猪精液密度（比重）约为 1.03，接近于 1，故用重量法（1 g 精液的体积约等于 1 mL）测量其剂量，以降低因精液倒入量筒（杯）后的残留以及读数等导致的误差。实验数据证实，在 40 mL～80 mL 体积条件下，使用称量法与量筒法测得的数值接近，其误差可以忽略不计，且称量法还具有快速和无损的优点。因此，本标准采用称量法获得一份精液的质量作为剂量结果。标准规定的电子台秤精度及有关要求如下。

①电子台秤要求。为精确称量精液质量，电子台秤量程一般选择 0 g～200 g 为佳，精度至少为 0.1 g。

②环境温度。种猪常温精液保存温度要求为 16 ℃～18 ℃，检测活力温度为 37 ℃。检测剂量时，为保证精子活力不受影响，检测时的外部环境要求温度范围为 18 ℃～25 ℃。

③剂量检测操作。采用称量法计算采精剂量，用电子台秤称量操作，称量的数值 1 g 相当于 1 mL。例如，81.5 g 相当于81.5 mL。

【实际操作】

① 选择0 g~200 g电子台秤，调至水平，开机，清零（图3-15A和图3-15 D）。

② 从恒温箱中取出瓶装或袋装精液，置于台秤称量盘上，记录显示值为W_1，瓶装质量84.81 g，袋装83.05 g（图3-15B和图3-15E）。

③ 称量与受检精液产品同一批次、未使用的空包装，记录显示值为W_2，空瓶质量0.68 g，空袋质量0.28 g（见图3-15C和图3-15F）。

④ 剂量计算。

瓶装精液质量W_1=84.81 g、W_2=0.68 g，剂量W=84.81-0.68=84.13 mL；

袋装精液质量W_1=83.05 g、W_2=0.28 g，剂量W=83.05-0.28=82.77 mL。

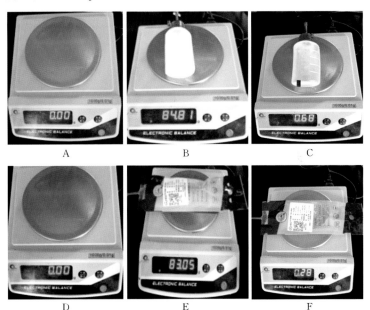

图3-15 种猪常温精液剂量检测操作示图

A、D. 电子台秤开机、清零　B、E. 瓶装和袋装精液称量　C、F. 空瓶和空袋包装称量

（2）精子活力

【标准原文】

A.2 精子活力

A.2.2 试验步骤

按如下步骤进行检测：

a) 开启精子质量分析仪预热至少 5 min，安装恒温载物台（带有恒温载物台的一体化仪器不需要此步骤），开启恒温载物台电源开关，设置温度为 37 ℃±1 ℃。

b) 检查物镜是否转换到相差显微镜头，必要时应按照说明书进行物镜校准并转换光圈模式，以达到最佳备用状态；调节显微镜光源至适宜的亮度，将低倍物镜正对载物台的通光孔，调节物镜与恒温载物台之间的最佳距离，观察视野明亮程度，通过调节聚光器，直至视野光线最佳。

c) 将专用定容玻片置于恒温载物台上预热，预热时间应大于 1 min。

d) 从恒温箱中取出待检样品，在 18 ℃~25 ℃室温条件下轻摇 2 min~3 min。若样品包装为袋装，则将空精液瓶置于恒温箱 30 min 以上，再将袋装精液转移至精液瓶中，置于恒温箱中，待检。

e) 保持精液瓶与视线水平，使其倾斜约 45°，将移液器的吸头伸入液面下 15 mm~20 mm 处，避开凝结絮状物，吸取 3 μL~5 μL 样品，滴于专用定容玻片进样口处，让其自行流入腔室，待检（样点 1）；用同样方法吸取 3 μL~5 μL 样品，滴于专用定容玻片另一腔室的进样口处，待检（样点 2）。

f) 点样后预热 1 min~3 min，在 200 倍条件下，按照操作要求在 3 min 内完成样点 1 和样点 2 的检测。

g) 每个样点至少读取 3 个视野的数据，记录每个样点的平均值。

A.2.3 试验数据处理

精子活力按式（A.2）计算：

$$M=\frac{M_1+M_2}{2} \quad \cdots\cdots\cdots\cdots\cdots\cdots\cdots (A.2)$$

式中：

M——精子活力，单位为百分率（％）；

M_1——仪器给出的样品平行样样点 1 检测活力的平均值，单位为百分率（％）；

M_2——仪器给出的样品平行样样点 2 检测活力的平均值，单位为百分率（％）。

计算结果保留至小数点后 1 位，按 GB/T 8170 的规定进行修约。若两个样点计算结果相对偏差大于 5％，则应重检。

【内容解读】

本标准中精子活力采用仪器法检测，即使用具备精子质量分析软件系统（CASA）的成套显微镜设备进行精子活力数据的自动读取。为确保每台设备自动读取数据的科学性和可比性，本标准规定了统一的主要技术参数设置及有关要求。

① 精子质量分析仪技术参数。专用分析软件的主要技术参数应为 VCL≥5 μm/s、VSL≥5 μm/s、STR=VSL/VAP≥25％。其中，VCL 为精子曲线运动速度，VSL 为精子直线运动速度，VAP 为精子平均运动速度，STR 为精子直线运动速度与平均运动速度的比值（图 3-16）。

直线运动速度（VSL）、曲线运动速度（VCL）和平均运动速度（VAP）是精子运动轨迹度量参数。5 μm/s 直线运动速度作为区分慢速和快速前向运动精子的切入点，是通过精子动力学分析得出的结论。在《世界卫生组织人类精液检查与处理实验室手册》中实验表明，可能具有授精能力的精液，其前向运动精子运动速度大于 5 μm/s 的精子总数占精液总精子数的比例不低于 70％。这项研究是依据北欧男科学协会和欧洲人类生殖与胚胎协会（ESHRE）标准

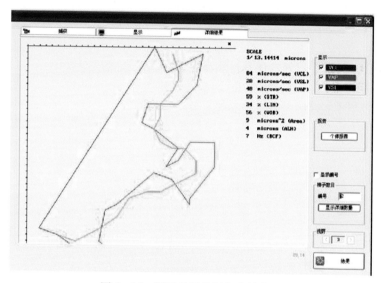

图 3-16 精子质量分析仪参数数值

中实验方法进行的。

5 μm/s 直线运动速度相当于精子作快速前向运动。快速前向运动精子和卵细胞透明带相结合试验是预测人工授精是否成功的有效方法，对预测人工授精的成功率有着重要意义。所以，通过 5 μm/s 直线运动速度来区分慢速和快速前向运动具有重要意义和应用价值。

② 恒温载物台。精子活力检测要求为 37 ℃±1 ℃，精液从 17 ℃保存箱转移到恒温载物台，恒温载物台能够确保加热温度为 37 ℃±1 ℃，保证精子预热，精子活力达到最佳。

【实际操作】

① 准备好专用载玻片（图 3-17A），不同的仪器使用的载玻片规格和形状有所不同，但必须满足腔室高度 20 μm±2 μm 的要求。

② 开启精子质量分析仪，按上述要求设置好设备的主要参数，设置好后则可以长期保持不变。参数设置应在设备专业工程师指导

下进行，设置方法如图 3-17B，然后开启恒温载物台，将载物台设置 37 ℃（图 3-17C），将载玻片放置在恒温载物台上预热。

③ 使用移液枪取得待检样品，吸取 3 μL～5 μL 样品，滴于专用玻片的进样口处，让其自然流入样品室内（图 3-17D），在显微镜下开始镜检（图 3-17E），观察不得少于 3 个视野以获取活力值，并按要求输入精液产品的有关信息（图 3-17F）。

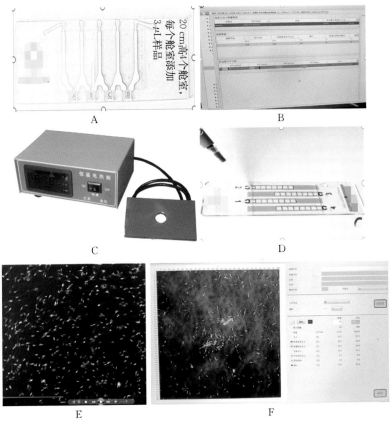

图 3-17　精子活力检测流程

A. 载玻片　B. 精子质量分析仪参数设置　C. 恒温载物台温度参数设置　D. 点样

E. 镜检下的精子　F. 精子质量分析仪分析界面

④ 部分精子质量分析仪具备自动获取 3 个及以上的活力值后，采取平均值的方法计算结果的功能，如图 3 - 18 软件分析界面显示该份常温精液的精子活力为 82.5%。

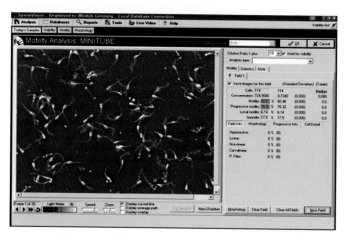

图 3 - 18　精子质量分析仪检测精子活力结果

⑤ 有的设备不具备自动更换视野并记录的功能，需要人工记录每个视野的精子活力值，每个样点至少读取 3 个视野的数据，然后计算每个样点的平均值。

(3) 前向运动精子数

【标准原文】

A.3　前向运动精子数

A.3.2　试验步骤

A.3.2.1　参照附录 B 的规定对精子质量分析仪进行校正，每年至少校正一次。

A.3.2.2　精子密度检测按如下步骤：

a)　按照 A.2.2　a)～e) 规定的步骤操作，直至完成样品的点样；

b)　点样后预热 1 min～3 min，在 200 倍条件下，读取并记录精子密度值，记为 D_i。

A.3.3　试验数据处理

每剂量中精子总数按式（A.3）计算：

$$S = D_i \times W \quad \cdots\cdots\cdots\cdots\cdots \text{（A.3）}$$

式中：

S——每剂量中精子总数，单位为亿个（10^8 个）；

D_i——仪器显示的精子密度值，单位为亿个/毫升（10^8 个/mL）；

W——样品剂量的实测值，单位为毫升（mL）。

精子密度值（D_i）和每剂量中精子总数（S）应保留至小数点后 3 位。

前向运动精子数按式（A.4）计算：

$$C = S \times M \cdots\cdots\cdots\cdots\cdots\cdots \text{（A.4）}$$

式中：

C——前向运动精子数，单位为亿个（10^8 个）；

M——精子活力检测值，单位为百分率（%）。

用两个平行样的平均值表述样品检测结果，计算结果保留至小数点后 1 位，按 GB/T 8170 的规定进行修约。若两个样点计算结果相对偏差大于 5%，则应重检。

【内容解读】

采用血细胞计数板校正精子密度是世界认可的经典方法，其技术核心是通过血细胞计数板人工计数估算精液的精子密度值 D_i。使用精子质量分析仪检测活力时，部分精子质量分析仪软件界面可以显示精子密度值 D_i。为确保精子质量分析仪数据准确，日常工作中每年至少需要校正一次精子质量分析仪。本标准附录 B 规定了精子质量分析仪关于精子密度的校正方法，分别采用血细胞计数法和仪器法对同一份精液样品进行精子密度检测，使用公式（A.3）和公式（A.4）计算检测结果，并对比两个检测结果，当两者的相对偏差小于 5% 时，即可完成仪器校正，否则应重复以上校正工作直至达到要求为止。

前向运动精子数由公式（A.3）和公式（A.4）计算得出。样品的精子密度和剂量是获得一份精液总精子数的前提条件，然后根据样品的活力值按照公式（A.4）最终计算出前向运动精子数。

【实际操作】

① 按如下步骤进行精子质量分析仪校正。

a. 吸取 950 μL 3.0％氯化钠溶液放入离心管中，取 50 μL 样品与 950 μL 3.0％氯化钠溶液充分混合均匀，制成试样（图 3 - 19A）。

b. 用盖玻片将血细胞计数板计数室盖好。吸取 30 μL～50 μL 试样置于血细胞计数板一端计数室的边缘，让试样自行流入，使其充满计数室，计数室内不应有气泡。用同样方法在血细胞计数板另一端计数室点样，静置约 5 min（图 3 - 19B）。

c. 将点好样品的血细胞计数板置于载物台上，先用低倍镜找

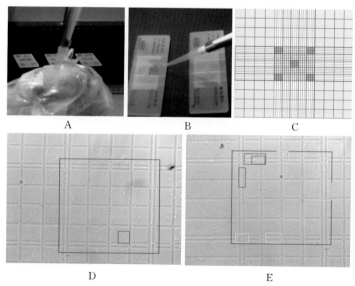

图 3 - 19 血细胞计数板计数操作流程

A. 样品准备　B. 点样　C. 显微镜下调试 5 个方格视野示意图

D. 压上线精子　E. 压左线、右线、上线和下线精子

计数室，再切换至 400 倍的条件下观察。采用边观察边计数的方法，用计数器清点计数室的精子个数。每个计数室观察 5 个中方格，5 个中方格分别为计数室的左上角、右上角、正中间、左下角和右下角（图 3 - 19C）。

d. 精子计数均以精子头部所处的位置为准，每个中方格内的精子均为计数范围，方格压线的精子计数遵循"数上不数下，数左不数右"的原则。分别记录 2 个计数室 5 个中方格的总精子数，并取其平均值，记为 T_i，压上线（图 3 - 19D）和左线（图 3 - 19E）的精子计数，压下线和压右线的精子不计数（图 3 - 19E）。

e. 采用公式进行计算。

② 前向运动精子数检测。实际操作步骤与精子活力检测相同。例如，某一份精液样品在使用精子质量分析仪检测活力时，其软件界面显示精子密度值 D_i 是 7 245 000 个/mL（图 3 - 20），即 $0.072\,4 \times 10^8$ 个/mL，剂量 W 是 84.13 mL（图 3 - 15），依据公式（A.3）计算每剂量中精子总数为 $S = D_i \times W = 0.072\,4 \times 10^8 \times 84.13 = 6.091 \times 10^8$ 个；活力 M 是 82.5%（图 3 - 20），依据公式（A.4）

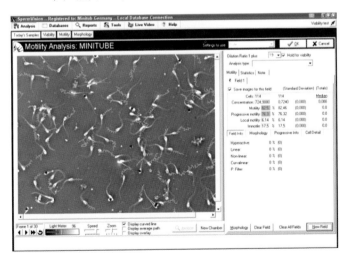

图 3 - 20　精子密度检测

计算前向运动精子数为 $C=S \times M=6.091 \times 10^8 \times 0.825=5.025 \times 10^8$ 个，按照修约要求保留至小数点后 1 位，则该样品的前向运动精子数计算结果为 5.1×10^8 个，即该份样品前向运动精子数为 5.1 亿个/剂。

(4) 精子畸形率——姬姆萨染色法

【标准原文】

A.4　精子畸形率

A.4.1　姬姆萨染色法（仲裁法）

A.4.1.3　试验步骤

按如下步骤进行检测：

a) 按照 A.2.2　d)～e) 规定的方法吸取 $10\mu L$ 样品滴于载玻片一端，用另一边缘光滑的载玻片与有样品的载玻片呈约 35°夹角，先浸润与样品接触的边缘向另一侧缓慢推动，将样品均匀地涂抹在载玻片上，自然风干（约 5 min），每样品制作 2 个抹片；

b) 将风干后的抹片浸没于放有姬姆萨染液的染缸中，染色 15 min～30 min 后用水缓缓清洗染液，直至玻片上无明显染液后，晾干制成染片，待检；

c) 将染片置于 400 倍下观察，观察顺序为从左到右、从上到下。根据观察到的精子形态，按表 A.1 要求判定正常精子和畸形精子，且一边观察一边用计数器计数，累计观察约 200 个精子，分别记录精子总数和畸形精子总数，拍照保存该样品的图片。

表 A.1　精子形态判定

精子形态判定	精子形态
正常精子	头部呈椭圆形，中部和尾部自然延伸
畸形精子	头部：大头、小头、梨形头、圆头、双头等 尾部：原生质滴、断尾、卷尾、双尾、异常弯曲等

A.4.1.4　试验数据处理

畸形率按式（A.5）进行计算：

$$A_i = \frac{A}{A_0} \times 100 \quad \cdots\cdots\cdots\cdots\cdots\cdots\cdots \quad (A.5)$$

式中：

A_i——畸形率，单位为百分号（％）；

A_0——观察精子总数，单位为个；

A——观察畸形精子总数，单位为个。

用两个平行样的平均值表述样品检测结果，计算结果保留至小数点后1位，按GB/T 8170的规定进行修约。若两个平行样计算结果之间的相对偏差大于5％，则应重检。

【内容解读】

① 选用此法为仲裁法。《中华人民共和国仲裁法》第四十四至四十六条对仲裁法的使用做了明确规定。

第四十四条规定：仲裁庭对专门性问题认为需要鉴定的，可以交由当事人约定的鉴定部门鉴定，也可以由仲裁庭指定的鉴定部门鉴定。根据当事人的请求或者仲裁庭的要求，鉴定部门应当派鉴定人参加开庭。当事人经仲裁庭许可，可以向鉴定人提问。

第四十五条规定：证据应当在开庭时出示，当事人可以质证。

第四十六条规定：在证据可能灭失或者以后难以取得的情况下，当事人可以申请证据保全。当事人申请证据保全的，仲裁委员会应当将当事人的申请提交证据所在地的基层人民法院。

种猪常温精液存在较短的保质期，因此不能长期保存，存在"证据可能灭失"的特点。姬姆萨染色法是国际上关于精子染色的常用方法，并具有长期保存的优点，满足仲裁法第四十四条至四十六条"鉴定部门"进行"证据保全"，也可以作为"证据在开庭时出示"等要求。姬姆萨染色法满足仲裁法上述要求，基于以下考量：一是姬姆萨染液可将精子细胞核染成紫红色或蓝紫色，底色为空白，在光学显微镜下呈现出清晰图像，可达到清晰观察精子形态的效果；二是目前国内对于种畜精子形态的常规检验，《牛冷冻精液》（GB 4143—2008）、《山羊冷冻精液》（GB 20557—2006）等标准均明确，精子畸形率应用姬姆萨染色法检测（包括福尔马林防腐固定的步骤），其染片可以保存 3 个月以上。

② 姬姆萨染色技术要点。

a. 样品混合均匀并取样量 10 μL。样品混合均匀操作旨在避免取样时精子打结、结块、扎堆，保证抹片时精子均匀分布在载玻片上。

b. 抹片 35°夹角。在精液抹片操作中，合适的抹片角度能够保证抹片质量。两玻片夹角过大或过小，既影响抹片的质量，也容易人为造成精子损伤或畸形。

c. 抹片风干。为保证精子的正常形态，抹片和染片都要求自然风干，一般要求风干时间在 5 min 以上才进行下一步染色。

d. 染色清洗。染色 15 min 以后 30 min 以内，可进行染片的清洗。操作要点是用水缓缓清洗染液的操作，以尽量避免玻片上的精子被水流冲走。用水冲洗力度过大，容易人为造成玻片上精子的脱落，使得镜检视野中精子数量变少。

e. 拍照要求。精子染色过程，如果没有用福尔马林固定防腐，染色的精子形态玻片保存时间约为 1 周，应及时拍照予以留存；如果进行了福尔马林固定防腐，则染色后精子形态玻片的保存时间约为 3 个月。

【实际操作】

① 点样约 10μL，并成 35°夹角抹片（图 3 21A）。

② 抹片风干（图 3 - 21B）。

③ 姬姆萨染色 15 min～30 min（图 3 - 21C）。

④ 染色完毕，水流下缓慢冲洗（图 3 - 21D）。

⑤ 风干后镜检，在 400 倍视野下观察精子（图 3 - 22A）。一手握计数器，计数总精子数；一手握计数器，计数畸形精子数（3 - 22B）。

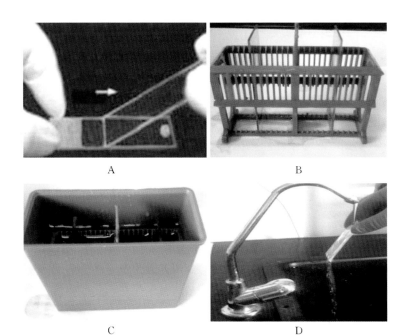

图 3-21 姬姆萨染液染色流程

A.35°夹角抹片 B. 抹片风干 C. 染色 D. 染片冲洗

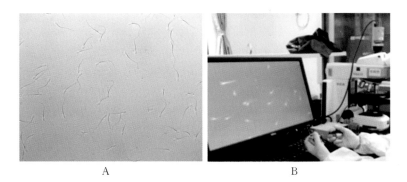

图 3-22 显微镜下精子畸形率检测

A. 显微镜 400 倍视野下的精子 B. 畸形率计数

⑥ 识别正常精子（图 3 - 23），畸形精子如尾部畸形（图 3 - 24）、头部畸形（图 3 - 25）等，并拍照。

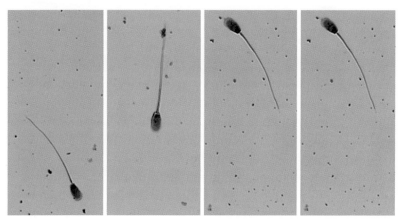

图 3 - 23　正常精子

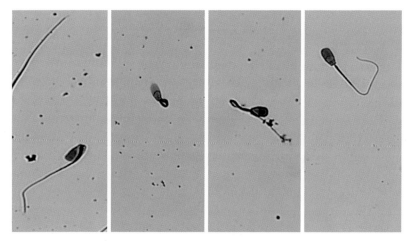

图 3 - 24　尾部畸形精子

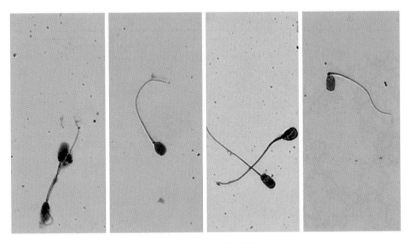

图 3 - 25　头部畸形精子

(5) 精子畸形率——伊红苯胺黑快速染色法

【标准原文】

A.4.2　伊红苯胺黑快速染色法

A.4.2.3　试验步骤

按如下步骤进行检测：

a) 按照 A.2.2　d)～e) 规定的方法吸取 30 μL 样品和 10 μL 伊红苯胺黑染色液，放入离心管中，轻摇混匀，制成精液、伊红苯胺黑染色液的混合液，放置 30 s～60 s；

b) 用移液器吸取 10 μL 精液、伊红苯胺黑染色液的混合液，滴于载玻片一端，按 A.4.1.3　a) 规定的方法制作 2 个抹片；

c) 按 A.4.1.3　c) 的规定对 2 个抹片分别进行镜检。

A.4.2.4　试验数据处理

按 A.4.1.4 的规定执行。

【内容解读】

伊红苯胺黑染色是一种快速染色方法，不需要经过较长时间的染色，可以直接进行精子活体染色，可以提升校测效率。伊红染色是负性染色，负染后精子和背景很容易区分（直接看精子形态即可区分）。苯胺黑可以使直线前进运动精子着色，其他失去正常运动能力的尚未死亡精子也着色，死亡精子不着色。这样苯胺黑就可以将死精子和活精子区分开来。由于伊红苯胺黑染色法将精液样品与染液直接混合，染色后没有用水清洗染片的操作步骤，所以，在显微镜下观察染片时，染片背景颜色较深，对染色液和检测时视野光线的要求较高。

【实际操作】

① 取样，将精液和伊红苯胺黑按照 3：1 混合，摇匀并放置 30 s～60 s。

② 抹片、风干、镜检、畸形精子识别及计数等操作步骤与本章姬姆萨染色法相同。

③ 伊红苯胺黑镜检（图 3 - 26），以不同颜色区分死精子和活精子。

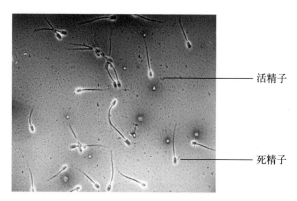

图 3 - 26 采用伊红苯胺黑染色的精子

二、《猪常温精液生产与保存技术规范》 （GB/T 25172—2020）

1. 术语和定义

【标准原文】

3.1
原精液　raw semen
采集后未经稀释的精液。

【内容解读】

储存于附睾的精子，在性反射作用下射出并收集的、没有经过任何处理的精液被称为原精液或原精（图 3 - 27）。原精体外保存时间短（约 30 min），精子活力快速下降或死亡，从而失去受精能力。因为原精精子密度大（1 亿/mL 以上），精清提供的能量不足以维持精子体外长时间活动，因而缩短了精子体外保存时间。稀释精液就是用稀释液降低精子密度，为精子存储提供丰富的营养物质，并维持适当渗透压和 pH，以利于精液保存。因此，采集的原精应尽快稀释。

图 3 - 27　原精液

2. 基本要求

【标准原文】

4　基本要求

4.1　种公猪

应健康且达到种用要求。成年公猪宜每周采精二次至三次，青年公猪宜每周一次至二次。

4.2　采精员

应经过专业培训，工作时应着洁净工作衣、帽，穿长胶鞋，戴无毒塑料手套。

4.3　采精室

应设置采精区和安全区。采精区设置假台猪，地面防滑，并保持清洁、安静和避光。

4.4　精液处理室

应设置精液检查、稀释和分装区，温度宜控制在 22 ℃～25 ℃，避免太阳光直射或紫外灯照射。配备仪器和用品参见附录 A。

4.5　稀释液

4.5.1　配制用水应符合 GB/T 6682 中二级水或三级水的要求。

4.5.2　商品稀释剂按说明书使用。不得使用过期或变质稀释剂。

4.5.3　自配稀释液所用试剂应为分析纯，稀释液配方参见附录 B。

4.5.4　稀释液 pH 应为 6.8～7.2。

4.5.5　使用前 1 h 配制，配制后应及时贴上标签，标明品名、配制日期和时间、经手人。

4.5.6　稀释液应密封后置于冰箱中 0 ℃～4 ℃冷藏，保存时间不应超过 24 h。

【内容解读】

(1) 种公猪要求　种公猪的产品是原精液，原精液是常温精液生产的原材料。种公猪的健康情况、生产性能和原精液质量直接影响着常温精液产品质量。因此，选用健康且达到种用要求的青年公猪和成年公猪作为供精种公猪，是保证常温精液产品质量的前提。

合理的采精频率，既能保证公猪健康，又能最大限度地采取公猪精液。采精频率主要根据公猪的年龄确定。根据生产实践，一般成年公猪（12月龄以上，不包含12月龄）宜每周采精2次~3次，青年公猪（12月龄以内，含12月龄）宜每周1次~2次。公猪注射疫苗后，则应停止采精一周。

(2) 采精人员、场地及设施设备等要求　采精人员、场地及设施设备等相关要求是种猪常温精液生产和保存必须具备的软件、硬件要求。任何一个要求不满足，都难以开展相应工作。生产应具备的条件：采精员是经过专业技术培训的人员，具有一定的专业能力，采精操作要熟练、细致、规范；采精室要有采精区和安全区，要相对独立、周围较安静；采精区要求避光，还应配备假台猪、防滑垫等；精液处理室要有检测区、稀释区和分装区，配备有精液质量检查、稀释、分装、保存等设施设备，以及控温设备。

(3) 稀释液配制要求　稀释液是稀释剂（稀释粉）用水稀释并溶解后的缓冲液，其质量直接影响着种猪常温精液保存效果。目前市场上的稀释粉可分为短效（1 d~3 d）、中效（3 d~5 d）和长效（5 d~7 d）3类，可根据生产实际选用商品化稀释粉或自配自用的稀释粉。通常情况下，短效稀释粉适用于自给自足型养猪场，中效稀释粉适用于运输距离不超过1 000 km的常温精液，长效稀释粉适用于需要远距离运输的常温精液。目前，商品化稀释粉没有国家标准或行业标准可遵循，只有相应企业标准，产品质量各异，使用时按照使用说明书配制，要保证产品在保质期内使用。本标准附录B给出了自配自用稀释粉的推荐配方，可参考使用。

无论用商品化稀释粉还是自配自用稀释粉，为确保稀释液质量，配制稀释液时，不能使用没有经过处理的自来水。因为自来水中可能残留的重金属离子、杂质均会对精子造成不良刺激，降低其精子活力和缩短保质期。因此，配制用水质量要达到国家标准《分析实验室用水规格和试验方法》（GB/T 6682—2008）中规定的二级水（可用多次蒸馏或离子交换等方法制取）或三级水（可用蒸馏或离子交换等方法制取）的要求。配制完毕后，将稀释液存放于专用容器内，并贴上标签，注明稀释液名称、配制日期、配制时间、配制人等相关信息。稀释液是一种缓冲液，其缓冲成分需要时间平衡，配制好的稀释液应该放置 1 h 后再使用，且宜当天配制当天用完。如果稀释液当天没有用完，则必须密封好后放入冰箱中 0 ℃～4 ℃保存，但保存时间不应超过 24 h。

3. 技术要求

(1) 精液采集

【标准原文】

5.1　精液采集

5.1.1　采精前准备

5.1.1.1　集精杯或保温杯（内置无毒塑料袋并覆盖四层纱布或一层精液过滤纸）、载玻片、盖玻片、精液处理器皿应预热至 37 ℃。

5.1.1.2　显微镜载物台恒温板应预热至 37 ℃。精子密度仪使用前应预热。

5.1.2　采精

5.1.2.1　应剪去公猪包皮部长毛，清洁体表，擦干水渍。

5.1.2.2　应挤净包皮积液，先用 0.1％高锰酸钾溶液清洗腹部和包皮，再用温水清洗后擦干。

5.1.2.3　宜用设备采精法，按使用说明书操作。手握法采精时，应一只手戴双层无毒聚乙烯手套，按摩公猪包皮部，待公猪爬跨假台猪并伸出阴茎，脱去外层手套，握紧龟头，使其不能旋转，顺势将阴茎的"S"状弯曲延直。另一只手持集精杯或保温杯，弃去最初射出的少量精液，收集精液至射精完毕。

5.1.2.4 采精完毕后，应标记公猪耳号，送至精液处理室。

【内容解读】

① 预热 37 ℃是基于以下考量。

a. 为确保采集的原精液与种公猪体温一致，减少精子因温差产生应激，保证原精精液品质不受影响，条款 5.1.1.1 和 5.1.1.2 规定采精器具、载玻片、盖玻片、精液处理器具等与精液直接接触的器具及材料要预热至 37 ℃。

b. 为保证仪器性能稳定，检测结果可靠，条款 5.1.1.2 规定用于检测原精液品质的仪器应提前预热。

② 采精前使用高锰酸钾消毒是基于以下考量。为避免采集的原精液被不洁物质或病菌污染，条款 5.1.2.1 和 5.1.2.2 规定，采精前对公猪包皮部位清洁和用高锰酸钾消毒。

【实际操作】

① 种公猪的准备。采精公猪必须是调教好的。采精前，应剪去公猪包皮部位的长毛，挤去包皮积液，先用温水清洗一次，再用毛巾擦洗，擦干后用高锰酸钾进行消毒。

② 采精器材的准备。

a. 过滤纸及一次性手套。过滤纸以能让精子通过，并能过滤精液中胶状物质为宜。一次性手套以乳胶或塑料薄膜手套为宜（图 3 - 28A）。

b. 将过滤纸折叠成漏斗状（图 3 - 28B），大小要刚好放进保温杯（图 3 - 28C）。夏秋季气温较高时集精杯可使用普通单层不锈钢或玻璃杯；冬春季气温较低时使用双层不锈钢或玻璃保温杯（图 3 - 28D、图 3 - 28E 和图 3 - 28F）。

c. 假台猪及防滑垫。假台猪以坚固耐用的材料制成，高低可调节。防滑垫的材质宜为橡胶，铺于假台猪后方的地面上。水盆、毛巾用于清洗公猪的下腹部，防止精液污染。

图 3 - 28 采精器材的准备——滤纸与集精杯

A. 准备滤纸 B. 滤纸叠成漏斗状 C. 根据集精杯调整漏斗状滤纸大小

D. 放置第二层滤纸 E. 调整第二层滤纸大小 F. 固定双层滤纸

③ 采精。采精方式分为徒手法采精（手握法采精）（图 3 - 29）和半自动采精法（图 3 - 30）两种。

图 3 - 29 徒手法采精（手握法采精）

图 3 - 30 半自动采精法

以徒手法采精（手握法采精）为例介绍采精操作。

a. 公猪进采精室后，采精人员戴好双层手套（内层乳胶手套、外层 PE 手套），对公猪的包皮及其周围皮肤进行清洗消毒，用手握住公猪包皮，由后向前推挤，挤出包皮积液，用湿纸巾清洁包皮部 2 次以上。

b. 用手敲击假台猪或喷涂诱情素引诱公猪爬跨，当公猪爬上假台猪后，采精员半蹲于公猪的一侧，取出准备好的集精杯（杯内温度 35 ℃～37 ℃），放在一旁备用。

c. 当公猪爬上假台猪并伸出阴茎时，用纸巾轻轻擦去流出的液体，脱掉外层手套，握紧阴茎龟头（以龟头射精孔露出约 3 cm 为宜）使其不能旋转，顺势将阴茎的"S"状弯曲延直，使阴茎充分伸展，达到强直、锁定状态（图 3 - 29）。

d. 保持抓握锁紧状态直至开始射精。最先射出的少量精液（约 5 mL）不收集，收集随后射出的精液直至有少量胶状物质射出，拿开集精杯，除去精液滤纸及附着在滤纸上的胶状物质。

e. 用记号笔将采精公猪的个体号、采精时间和采精人写在集精袋上，而后观察射出精液的颜色，如颜色有异则应如实记录；盖好集精杯杯盖，送至实验室（图 3 - 31）。

图 3 - 31 送达检测室的原精液

f. 将采精公猪送回原位，做好采精室清洁卫生与消毒工作，关闭所开启的设施设备，各类用品各归各位，采精操作结束。

（2）精液检验

【标准原文】

5.2 精液检验

5.2.1 检验项目

外观、气味、采精量、精子活力、精子密度和精子畸形率。

5.2.2 原精液质量

应符合表 1 的规定，其中任何一项不符合要求的则废弃。

表 1 原精液质量

编号	项目	指标	证实方法
1	外观	呈乳白色，均匀一致	目测
2	气味	略带腥味，无异味	鼻嗅
3	采精量/mL	≥100	见 5.2.3.1
4	精子活力/%	≥70	见 5.2.3.2
5	精子密度/(10^8 个/mL)	≥1	见 5.2.3.3
6	精子畸形率/%	≤20	见 5.2.3.4

【内容解读】

判定原精液质量项目有外观、气味、采精量、精子密度、精子活力、畸形精子率等。原精液经过滤后进行质量检验，只有本标准中表 1 所列项目及其指标检测结果均合格，才能用于常温精液生产。表 1 所列原精液质量要求如下。

① 外观。外观检测以目测为主，正常原精液颜色为乳白色，无脓性分泌物和皮毛等异物。精子密度越大，颜色越白；密度越小，则颜色越淡。如精液颜色异常，则应弃去不用。如原精液颜色带有黄色，则提示精液可能被尿液污染；如原精液有恶臭且颜色泛

绿，则提示生殖道可能有炎症或化脓；如颜色带粉红色或淡红色，则提示生殖器可能有损伤或出血。

② 气味。气味的检测以鼻嗅为主，正常原精液含有公猪精液特有微腥味。有特殊臭味的一般混有尿液或其他异物，则是否留用可以结合外观综合进行评判；如出现异味或臭味，则可能是被包皮积液或尿液污染，也应该弃去不用。

③ 采精量。采精量与猪品种、年龄和采精频率密切相关，还与采精室及周边环境条件（温湿度、噪声、光照度等）以及饲养管理水平等因素有关。在合适的采精频率下，青年公猪采精量一般为 150 mL～200 mL，成年公猪采精量为 200 mL～300 mL。本标准规定的 100 mL 是最低要求。如某一头种公猪连续几次采精量都没有达到本标准规定的最低要求，则该种公猪应列入被淘汰行列。

④ 精子密度和精子活力。精子密度和精子活力是影响前向运动精子数的核心指标，是计算常温精液稀释份数的重要依据。原精液精子活力要求大于 70%，是为了满足原精稀释为常温精液产品后的保存和最低活力要求。研究资料显示，随着常温精液产品保存时间的延长，产品精子活力呈下降趋势。

⑤ 精子畸形率。文献表明，精子畸形率高于 20%，可能影响正常受精后的母猪受胎率和产仔数。由于这项指标检验耗时较长，会影响原精的稀释时间，故实际生产中生产企业不会对每份原精液进行畸形率的检测。可根据常温精液畸形率的检测结果对原精进行必要的追溯检测，也可以采用每 2 个月抽检 1 次的形式。

【实际操作】

① 外观和气味检验。用目测和鼻嗅。原精液呈乳白色、均匀一致、略带腥味、无异味、无脓性分泌物和皮毛等异物为合格，否则应废弃。

② 采精量检验。将外观和气味合格的原精液通过传递窗放置在电子台秤上（图 3-32A），用电子台秤直接称量（图 3-32B），计算采精量（1 g 相当于 1 mL）。

A   B

图 3-32　原精液传递与称量原精液重
A. 通过传递窗传递原精液　B. 精液称量

③ 精子活力检验。取中层原精液 15 μL～25 μL，滴于载玻片上，盖上盖玻片，置于 37 ℃恒温载物台上预热，在 200 倍～400 倍视野下观察精子的活动状态并给出检测值。每份精液取样两次作为平行样，每个平行样观察 3 个视野，每观察一个视野给出一个检测值，用平均值表述检测结果（图 3-33）。具体操作见本章精子活力检测实际操作内容。

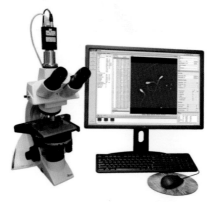

图 3-33　采用精子质量分析仪检测精子活力

④ 精子密度检验。采用仪器法如精子密度仪或分光光度计测

定（图3-34）检测精子密度时，应对检测仪器进行校正，以保证检测结果的正确性和可靠性。校正方法为血细胞计数板法。

图3-34 采用精子密度仪检测精子密度

⑤ 精子畸形率检测。可采用姬姆萨染色法（图3-35A），亦可采用伊红苯胺黑染色法（图3-35B）进行检测，具体操作见本章精子畸形率检验。

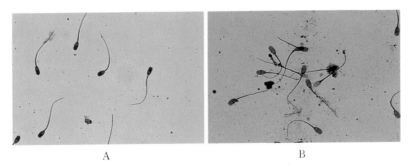

A   B

图3-35 染色后的精子

A. 姬姆萨染色的精子   B. 伊红苯胺黑染色的精子

(3) 精液稀释

【标准原文】

5.3 精液稀释

5.3.1 精液采集后应尽快稀释，放置时间不宜超过15 min。

5.3.2 采用等温稀释。精液与稀释液温差不得超过1℃，根据精液温度调节稀释液温度，不得反向操作。

5.3.3　将稀释液沿杯壁缓慢加入精液中，轻轻摇动或沿一个方向搅拌，混合均匀。高倍稀释时，先低倍稀释（1∶1）～（1∶2），30 s后再加入余下的稀释液。

5.3.4　稀释液总量以体积V计，数值以毫升（mL）表示，按式（1）计算：

$$V = \frac{v_1 \times c}{s} \times v_2 - v_1 \quad \cdots\cdots\cdots\cdots\cdots\cdots\cdots \quad (1)$$

式中：

V_1——采精量，单位为毫升（mL）；

c——精子密度，单位为10^8个每毫升（10^8个/mL）；

s——每剂量中直线前进运动精子数，单位为10^8个；

V_2——剂量，单位为毫升（mL）。

5.3.5　精液稀释后应静置5 min，按5.2.3.2检测精子活力，活力不得低于70%。

【内容解读】

① 放置时间不超过15 min。原精液采集后，由于密度大，放置时间过久，精子容易聚集打结缠绕，从采集到稀释一般不宜超过15 min。

② 等温稀释。精子对温度敏感，稀释过程中温差过大，精子产生应激，影响精子活力。要求精液与稀释液温差不得超过1 ℃。要根据精液温度调节稀释液温度。如精液温度37 ℃，则需将蒸馏水预热到37 ℃，在37 ℃水浴锅的水中加入稀释液，保证稀释液温度为37 ℃±1 ℃。为了保证稀释倍数准确，要求梯度稀释，每个梯度搅拌均匀后，放置大约30 s，再进行下一个梯度稀释。

【实际操作】

① 稀释液配制。

a. 基本要求。

1）根据精液生产计划和采精总量计算当天应配制稀释液总量。其中，外购稀释剂应包括稀释剂（粉）需要量和稀释用水需要量；自配自用稀释液应包括配制稀释液所需各种试剂用量和稀释用水总量。

2）稀释液配制完毕应及时贴上标签，标明稀释液名称、配制日期、时间和配制人；配制人等信息可直接填写，也可打印成电子标签或二维码标签。

3）当精液稀释量较大时，可以在电动精液稀释桶中进行。

4）稀释液要当日配制、当日使用。如果当日用不完，应密封后置于 4 ℃冰箱中保存，但保存时间不超过 24 h。

5）外购稀释剂必须按其说明书要求配制，不得使用过期或吸潮变色的稀释剂。

b. 稀释倍数、稀释液加入量、生产份数。稀释倍数根据原精液质量（采精量、精子密度、精子活力）检测结果确定，稀释液加入量和生产份数要根据产品使用对象如受体品种类型（引入品种、培育品种、地方品种）、输精方式（常规输精、深部输精）的质量要求（剂量、前向运动精子数、精子活力）确定。稀释倍数、稀释液加入量、生产份数按如下公式计算：

稀释倍数＝（采精量×精子密度×精子活力）÷前向运动精子数

稀释液加入量（mL）＝稀释倍数×剂量－采精量

生产份数＝（稀释液加入量＋采精量）÷剂量

示例：某猪场生产受体为引入品种和培育品种、常规输精用常温精液产品。某种公猪采精量为 300 mL，原精液质量检测结果分别为精子密度 2×10^8 个/mL、精子活力 70%，按每份常温精液产品剂量 80 mL、前向运动精子数 18×10^8 个/剂分装，应加入多少毫升稀释液？可生产多少份常温精液产品？

计算步骤如下：

稀释倍数：（300×2×70%）÷18＝23.3 倍≈23 倍（倍数取整）

稀释液加入量：23×80－300＝1 540 mL

可生产产品的份数：（1 540＋300）÷80＝23。

即应加入稀释液总量为1 540 mL，可生产23份常温精液产品。

c. 配制操作步骤（以外购稀释剂为例）。

1）用量筒量取1 000 mL二级水或电子天平称取1 000 g二级水（1 g相当于1 mL），倒入洁净的1 000 mL烧杯（图3-36），用保鲜膜封好杯口。

2）开启水浴锅，温度设置为37 ℃±1 ℃。待温度升到37 ℃±1 ℃时，将盛有1 000 mL二级水的烧杯置于水浴锅中加热（图3-37）。

3）取出加热好的烧杯，将选定好的稀释剂倒入其中（图3-38），将烧杯置于37 ℃±1 ℃恒温磁力搅拌器上搅拌，至完全溶解（图3-39）。

图3-36 称量稀释水质量

图3-37 预热稀释用水

图 3-38 加入稀释剂　　　　图 3-39 稀释液用磁力搅拌器搅拌

4）取下烧杯，用酸度计或 pH 试纸检查 pH，如 pH 在 6.8～7.2 范围之内，则将烧杯置于水浴锅中（建议在放入水浴锅前先预留出约 200 mL 稀释液作为精液稀释前调整温度之用），在 35 ℃±1 ℃条件下保温待用；如 pH 不在 6.8～7.2 范围之内，则应调整，否则不能使用。

5）配制好的稀释液要及时贴上标签，并注明稀释液名称、配制日期与时间、配制人等信息，以免混淆。

② 等温稀释。

a. 等温稀释原则。

1）采集的原精液应尽快稀释，放置时间不应超过 15 min。

2）原精液温度与稀释液温度之差不得超过±1 ℃。

3）要根据原精液温度来调节稀释液温度，切忌用稀释液温度调节原精液温度。

4）预热前应预留一杯稀释液，以便调节稀释液温度。

5）测量原精与稀释液温度的温度计应是同一批次且刻度标线相同，以减少因温度计造成的误差。

6）将稀释液沿杯壁缓慢加入精液中，切忌反向操作；边加入边顺着同一个方向轻轻搅动，切忌来回搅动或剧烈搅动。

7）剂量与输精方式、受体有关。通常情况下，深部输精剂量小于常规输精，地方品种剂量小于引入品种和培育品种。

b. 等温稀释操作步骤。

1）预稀释。用温度计分别测量稀释液和原精的温度（图3-40、图3-41），将与原精等体积且温差小于±1℃的稀释液沿杯壁缓慢倒入原精中（图3-42），顺着同一方向轻轻搅拌至均匀，切忌来回搅动或剧烈搅动（图3-43）。为防止精子所处的环境突然改变造成稀释打击，静置约30 s后，取样检测精子活力。精子活力无异常，则进行第二次稀释。

图3-40 测量稀释液的温度

图3-41 测量原精液的温度

图3-42 将稀释液加入原精液中

图3-43 顺同一方向轻轻搅拌

2）第二次稀释。取与预稀释液等体积的稀释液（稀释液温度不低于原精液温度）沿杯壁缓慢倒入，顺着同一方向轻轻搅拌至均匀，切忌来回搅动或剧烈搅动，静置约 30 s 后，取样检测精子活力，活力无异常，则进行第三次稀释。

3）第三次稀释。将剩余的稀释液沿杯壁倒入（稀释液温度不低于原精液温度），顺着同一方向轻轻搅拌至均匀，切忌来回搅动或剧烈搅动，静置 30 s 后，取样检测精子活力，活力无异常，则稀释完成。

4）三次稀释后。轻轻摇动，使精液与稀释液混合均匀，切忌剧烈振荡。静置 5 min 后，取样（图 3-44）检测精子活力（见图 3-45）。如稀释前后精子活力没有太大的变化，则可进行分装；如活力显著下降，说明稀释液有问题或操作不当，不能分装；如稀释后精子活力检测值小于 70%，则应按不合格产品处理。

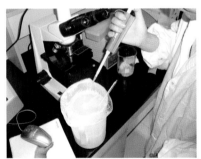 

图 3-44　取样检测精子活力　　图 3-45　精子活力检测的点样

(4) 精液分装

【标准原文】

5.4　精液分装

5.4.1　剂量、每剂量中直线前进运动精子数应符合 GB 23238 的规定。

5.4.2　可采用袋装或瓶装，应使用对精子无毒害作用且灭菌的一次性塑料或硅胶制品。

5.4.3 分装完毕，应排出空气后密封。

【内容解读】

稀释精液分装后就是常温精液产品。作为商品化的产品，除满足表3-7外，还要满足关于标签和随行文件的要求，并且出厂检验合格才能作为商品流通。

表3-7 GB 23238—2021规定的种猪常温精液质量要求

项目	受体为引入品种、培育品种		受体为地方品种
	常规输精	深部输精	
剂量（mL）	≥80.0	≥60.0	≥40.0
精子活力（%）	≥60.0	≥60.0	≥60.0
前向运动精子数（10^8 个/剂）	≥18.0	≥12.0	≥10.0
精子畸形率（%）	<20.0	<20.0	<20.0

分装容器要选择对精子无毒害作用、灭菌的一次性塑料袋或瓶，要排除空气后密封，防止精液在运输过程中晃动，影响精子活力。

【实际操作】

① 选用对精子无毒害作用且经过灭菌的一次性塑料制品（图3-46A）。

② 将精液灌入或注入80 mL～100 mL精液袋或瓶中，排除空气后密封（图3-46B）。

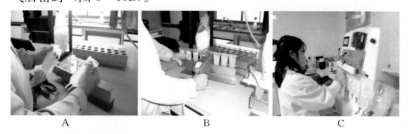

图3-46 精液分装
A. 精液包装袋 B. 精液分装 C. 粘贴精液标签

③ 贴上标签，并标明产品名称、生产单位、生产日期、生产批号、品种、耳号等（图 3 - 46C）。

三、《猪人工授精技术规程》（NY/T 636—2021）

1. 术语和定义

(1) 人工授精

【标准原文】

3.1

人工授精　artificial insemination；AI

采集公猪精液，在体外进行稀释和保存等处理后，输入母猪生殖道特定部位，以代替公母猪自然交配繁殖后代的配种技术。

【内容解读】

人工授精是用专用器具（如输精管）将精液（如猪常温精液）注入发情母猪生殖道内，以代替公母猪自然交配的配种技术或配种方法。其核心要素包括两个：一个是将所采集的公猪原精液在体外（实验室内）按照特定流程处理成精液产品，如常温精液、冷冻精液等；另一个是借助专用器具（如常规输精管、深部输精管）将精液注入发情母猪生殖道内。人工授精技术具有扩大优良种猪利用率、降低种猪饲养成本、减少因自然交配导致疾病传播等优点。

(2) 子宫体深部输精

【标准原文】

3.2

子宫体深部输精　intrauterine insemination；IUI

利用子宫体深部输精管，将精液直接输入到子宫颈后 8 cm～10 cm 处的一种输精方法。

【内容解读】

猪子宫体深部输精（简称猪深部输精，IUI）是一种能够将精液越过母猪子宫颈直接送达子宫体，让精子加快进入输卵管与卵子结合，从而高效利用公猪精液的输精方法，具有防止精液倒流、有效降低输精量和提高输精效率的特点。对于因繁殖障碍疾病引起的配种问题，尤其是对于因阴道炎、子宫炎、子宫颈口损伤造成的久配不孕母猪，能够在一定程度上提高其妊娠率。

子宫体深部输精与常规输精的区别：一是需要用专门输精管，二是输精深度要越过宫颈直接送达子宫体。深部输精管有两种：一种是管内袋式，外观与普通输精管基本相似，但在输精管的顶部连接一个可延展的橡胶软管（置于输精管内部），在输精初期通过用力挤精液瓶，使橡胶软管向子宫内翻出，穿过子宫颈而将精液导入子宫体内；另一种是管内导管式，这种输精管是在常规输精管内部加有一支较细、半软、长度超出常规输精液管约 15 cm 内导管，并借助外部导管（类似于常规输精管）保护，将内导管通过子宫颈口延伸至子宫体底部。目前生产实际中常用的是管内导管式深部输精管。

深部输精管是在常规输精管（外导管）的基础上在其内部再套一根细管（内导管），当外导管到达母猪子宫颈前端并锁紧时，再将内导管推入子宫体底部，然后进行输精。根据猪生理解剖学特点，猪子宫颈长度一般为 10 cm～20 cm，大部分猪的子宫颈在 13 cm～20 cm。因此，在输精时，应根据母猪子宫颈和子宫体长度适当选择输精深度，将精液顺利地输送至母猪子宫体内。当输精深度过深时，深部输精细管最前端的坚硬部分容易对母猪子宫体造成损伤，引发炎症，甚至影响母猪生育年限。研究表明，深部输精时外导管到达母猪子宫颈前端时再调整输精深度 8 cm～10 cm，既能保证母猪产仔数，还能降低精液用量。不同品种和不同胎次，内导管伸入长度各不相同，繁殖员应在生产中根据实际摸索以调整最佳状态。

2. 人工授精技术程序

【标准原文】

4 人工授精技术程序

人工授精技术程序通常包括精液采集、精液品质检查、精液稀释与分装、精液保存和运输、输精前精子活力监测、输精等环节。但生产模式不同猪场的技术环节有所不同，自供精液猪场，不涉及精液运输环节；外购精液猪场，不涉及精液采集、精液品质检查、精液稀释与分装环节。猪人工授精技术流程见图1。

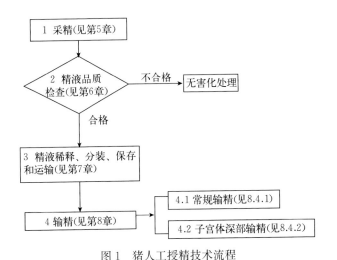

图1 猪人工授精技术流程

【内容解读】

猪人工授精是提高养猪综合经济效益的实用型技术，起于精液采集，止于输精。全流程包括精液采集、精液品质检查、精液稀释与分装、精液保存与运输、输精前的准备和输精6个环节。鉴于我国猪场养殖规模、生产模式存在较大差异等实际情况，本标准明确规定，生产模式不同的猪场技术环节有所不同。自供精液猪场通常由配种员按需领取并使用，自给自足，不涉及车载运输环节。外购精液猪场配种所需精液产品一般从种公猪站购买，则不会涉及精液生产的相关环节。

本标准适用范围包括自供精液猪场和外购精液猪场。自供精液猪场，猪人工授精流程中包括精液生产与保存，如精液采集、精液品质检查、精液稀释与分装、精液保存环节的要求，这些内容与本章第二节解读的《猪常温精液生产与保存技术规范》（GB/T 25172—2020）相应内容存在部分重复。但本标准是规程标准，侧重于技术流程操作实施，相关条款操作更翔实一些；而 GB/T 25172—2020 是规范标准，侧重于精液生产与保存中不同环节主要技术要点的规定。两个标准相同内容相互协调，为此，在本标准解读时，涉及相同环节在本章第二节中已给出实操解读的，不再加以赘述。

3. 精液采集

(1) 公猪调教

【标准原文】

5.1 公猪调教

应选择符合种用要求的适龄后备公猪（引入品种和培育品种宜为 8 月龄～9 月龄，地方品种宜为 5 月龄～7 月龄）进行采精调教。采集精液前，将其他公猪精液、包皮积液、发情母猪尿液或专用诱情剂喷涂在假台猪后躯臀部，将公猪引向假台猪，训练其爬跨；也可用发情母猪引诱公猪，待公猪性兴奋时快速隔离母猪，引导公猪爬跨假台猪，每天可调教 1 次～2 次，每次调教不宜超过 15 min。

【内容解读】

① 种公猪质量。选取种公猪作为生产常温精液供体，其健康状况、生产性能、原精液质量和使用年限直接影响常温精液产品质量和利用效果。因此，应选取外貌特征和生产性能符合本品种标准

要求、健康、无相关法律法规规定的传染疫病、具有种用价值的适龄青年公猪。

② 调教月龄。调教月龄与公猪品种（引入品种、培育品种、地方品种）和类型（瘦肉型、脂肪型）有关。在通常情况下，公猪在接近体成熟时开始调教，如过早调教，则有可能影响其生长速度和体格大小；如过晚调教，则有可能影响其调教的成功率。正常情况下，引入品种和培育品种 8 月龄～9 月龄开始采精调教比较适合，地方品种 5 月龄～7 月龄开始采精调教比较适合。

③ 调教方式。采用其他公猪的精液、包皮积液、发情母猪尿液或专业诱情剂进行诱导，也可用发情母猪进行诱导。值得指出的是，诱导剂宜按照"方便实用、效果优先"的原则选取。既可就地取材，也可自制自创。

④ 训练方法。可将选定的诱导剂涂抹或喷洒在假台猪爬跨端，再将调教公猪引导至假台猪爬跨端，采用多种方式引诱其爬上假台猪，并形成条件反射。

⑤ 调教次数和时长。做好种公猪的调教工作，有利于人工采精。调教时，需要保证周边环境安静、无噪声，栏圈整洁，地面干燥卫生，尽可能亲近待调教公猪。切忌粗暴对待，避免对其产生不良刺激而影响调教的顺利进行。调教时，合理的次数和时长有利于种公猪形成良好的条件反射。生产实际证明，每天调教 1 次～2 次、每次不超过 15 min 比较适宜。

【实际操作】

① 将可移动假台猪移送至待调教公猪栏内适当位置，确认其放置稳当后，采精员走近待调教公猪，与其接触并熟悉，以避免公猪紧张。

② 待调教公猪与采精员熟悉后，采精员用手轻轻按摩其包皮，以激发其性欲。

③ 诱导公猪走向假台猪，引导其爬上假台猪。

④ 待公猪爬上假台猪并伸出阴茎后，脱掉外层手套，用一只

手紧握其阴茎的龟头，使其不能旋转，并顺势将阴茎的"S"状弯曲延直，轻轻擦去流出的液体；另一只手持集精杯，弃去最初射出的少量精液，收集精液至射精完毕（图3-47A、图3-47B）。待公猪自愿爬下假台猪后，调教活动结束。

⑤重复①～④操作，使其逐步熟悉并适应采精流程，直至调教公猪对采精流程形成条件反射，调教完成。

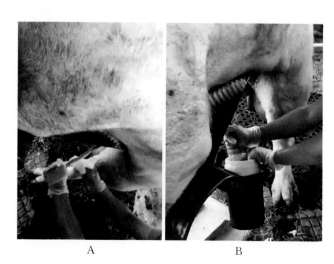

A   B

图3-47　采精前公猪调教
A.擦去流出的液体　B.收集精液

（2）采精前准备

【标准原文】

5.2　采精前准备
5.2.1　采精公猪
　　剪去公猪包皮部的长毛，清洗包皮，将公猪体表冲洗干净并擦干。

5.2.2　采精室
　　采精室的温度保持在20℃～25℃。

5.2.3 采精器械和质检设备

将集精杯置于38℃恒温箱备用，并准备纸巾或消毒洁净的干纱布等。备好已消毒的精液分装器具、精液瓶或精液袋等。调试精液质检设备，打开显微镜载物台恒温板电源，预热精子密度测定仪。

5.2.4 精液稀释液

根据采精公猪数量和采精量，配制足量稀释液（通常为原精量的3倍~5倍），置于水浴锅中预热至35℃。

【内容解读】

本条款标题与《猪常温精液生产与保存技术规范》（GB/T 25172—2020）中5.1.1采精前准备一样，但由于标准体例布局需要，GB/T 25172—2020在5.1.1只给出2条要求，而本条款给出4条要求，更全面。

① 采精公猪准备。准备工作包括：在赶采精公猪到采精室前，应仔细查看公猪的包皮部和体表污渍情况，进行必要清洁。公猪包皮部清洁应根据实际情况确定，如包皮部长有长毛，应剪除；如包皮内有积液，应排除；如包皮部位很脏，应用湿毛巾进行清洁并擦干（不得残留有水滴，以免在采精过程中顺着阴茎污染精液）；如包皮部位不是很脏，则可用湿纸巾进行清洁。公猪体表清洁应根据实际情况确定，如体表很脏或腹部有很多污渍，且室内温度适宜，则可冲洗；否则，不宜冲洗，以避免公猪出现不良反应，甚至出现冷应激。

② 采精室准备。采精员去赶采精公猪前应先打开采精室温控系统，以保障采精公猪到达前室内温度达到并保持在20℃~25℃，同时做好室内特别是假台猪周边的清洁卫生，关闭窗帘，尽可能排除或减少采精室周边的噪声。

③ 采精器械、质量检验设备和相关耗材准备。

a. 采精器械和耗材。包括集精杯、集精袋、专用精液滤纸、一次性 PE 手套、一次性 TPE 采精专用手套等。这些器具耗材应置于 37 ℃±1 ℃恒温箱内预热。徒手采精，应准备一个小矮凳；半自动采精设备应检查其完好性。另外，还需准备清洁包皮部位的湿纸巾、抽纸、卷纸等，以及记录采精信息的记录表、标签纸、记号笔等。

b. 精液质量检验设备和耗材。

1）水浴锅。先查看水浴锅的水位是否合适，如不足，应加至适当的水位；而后接通电源，开机，设置加热温度为 35 ℃±1 ℃，确认设备运行正常后，使其保持在恒温状态。

2）恒温箱。通电源，开机，设置温度为 37 ℃±1 ℃，确认设备运行正常后，使其保持在恒温状态。

3）恒温载物台。通电源，开机，设置加热温度为 37 ℃±1 ℃，确认设备运行正常后，使其保持在恒温状态。

4）相差显微镜。通电源，开机，确认设备运行正常后，保持开机状态。

5）精子密度仪。通电源，开机，确认设备运行正常后，保持开机状态。

6）精液质量检查耗材。主要有载玻片、盖玻片、血细胞计数板等，这些耗材置于 37 ℃±1 ℃恒温箱内预热。

④ 稀释液准备。这项工作应在采精前完成。主要包括：根据猪场生产模式、产品覆盖面选择稀释剂类型，外销型宜选择中效稀释剂，自供精液猪场宜选择短效稀释剂。可选用商品化稀释剂，亦可自配自用。根据当天采精公猪数量和采精量确定稀释液总量，其配制方法与操作步骤见本章精液稀释部分实际操作内容。因采精量是一个变数，且与生产厂家、公猪年龄、营养水平和健康状况有关，故稀释液总量宜根据本场/站供精公猪以往采精量的平均值估算。通常情况下，稀释液总量为平均采精量的 3 倍～5 倍。例如，采精公猪为 5 头，头均采精量为 150 mL，则稀释液总量为：5 头×150 mL×4 倍＝3 000 mL。

（3）采精操作

【标准原文】

5.3 采精操作

5.3.1 用 0.1%高锰酸钾溶液清洗公猪腹部和包皮，再用温水清洗，纸巾擦干。

5.3.2 采精员一手持集精杯（内装一次性采精袋并覆盖2层～3层专用过滤纸，杯内温度 35 ℃～37 ℃），另一手戴双层手套（内层乳胶手套、外层 PE 手套），挤出公猪包皮积液，按摩公猪包皮部，刺激其爬跨假台猪。

5.3.3 待公猪爬跨假台猪并伸出阴茎时，脱去外层手套，用手由前向后用力锁紧阴茎螺旋状龟头，顺其向前冲力将阴茎的"S"状弯曲延直，龟头露出，握紧阴茎龟头防止其旋转，使阴茎充分伸展，达到强直、锁定状态。

5.3.4 待公猪射精时，最初射出的少量（5 mL 左右）及最后射出的水样精液不收集，收集乳白色或灰白色富含精子的浓份精液于集精杯内。

【内容解读】

本条款给出详细的手握法采精操作要求。《猪常温精液生产与保存技术规范》（GB/T 25172—2020）首选推荐使用设备采精法，提及按使用说明书操作，但没有给出操作要求；给出的手握法采精操作要求与本条款基本一致。关于手握法采精操作步骤见本章第二节精液采集实际操作内容。

（4）采精频率

【标准原文】

5.4 采精频率

根据公猪产精能力确定采精频率，成年公猪每周采精2次～3次，青年公猪每周采精1次～2次。宜做到定点、定时和定人。

【内容解读】

本条款规定的采精频率与《猪常温精液生产与保存技术规范》（GB/T 25172—2020）中 4.1 一致，内容解读见本章第二节种公猪要求内容。公猪注射疫苗后，应停止采精一周。为减少不必要的刺激，宜做到定点、定时和定人。

4. 输精

(1) 输精时间

【标准原文】

8.1　输精时间

8.1.1　自然发情的母猪

母猪出现静立反射后 8 h～12 h 进行第 1 次输精，之后每间隔 8 h～12 h 进行第 2 次或第 3 次输精。

8.1.2　定时输精处理的母猪

应在注射促性腺激素释放激素（GnRH）或其类似物后 24 h 与 40 h 分别输精。

【内容解读】

发情排卵是输精的必要前提。准确的输精时间可提高情期受胎率和产仔数，而输精时间取决于发情母猪的排卵时间。因此，输精要选择在母猪排卵高峰出现之前数小时内完成，以促使受精成功。利用猪这个生理和生殖特点，根据实际生产中总结的经验，本条款给出自然发情母猪和定时输精处理母猪的输精时间（即适时配种时间）。

① 自然发情的母猪。自然发情是指性成熟母猪按其自身生理周期自然出现的发情现象。每天早晚驱赶公猪或压背检测（查情），如母猪出现静立反应则表示该母猪处于发情的状态。通常情况下，母猪出现静立反应后 37 h～39 h 开始排卵，卵子排出后，维持其受精能力的时间较短，一般为 8 h～12 h。精子应提前到达受精部位

（输卵管壶腹部）等待卵子。输精后，精子经子宫颈口运行至受精部位大约需要 0.5 h，并可维持受精能力 24 h。因此，应在母猪出现静立反应后 12 h 和 24 h 进行两次输精，以确保卵子到达受精部位时，可与具备受精能力的精子完成受精。两次输精妊娠率及产仔数与一次输精效果相比约提高 10%。为提高情期受胎率和产仔数，在一个发情期内也可进行第 3 次输精，间隔时间同样是 8 h～12 h。

② 定时输精处理的母猪。利用外源生殖激素如促性腺激素释放激素（Gonadotropin‐releasing hormone，GnRH）及其类似物，人为调控母猪群体的发情周期，使其在预期时间内发情、排卵，并在规定时间内输精的一种配种技术称为定时输精。定时输精包括性周期同步化、卵泡发育同步化、排卵同步化和配种同步化。这些同步化是一个互相依存、紧密联系的过程，不仅将母猪生理性发情周期改变为可控的同期发情，而且将猪场原有不可控分娩改变为可调控的批次化分娩。为实现批次化生产，需要进行排卵同步化诱导，然后进行定时输精。通常采用肌内注射 GnRH 及其类似物刺激母猪垂体黄体生成素（LH）释放，促进 GnRH‐LH 峰形成，诱导母猪发情排卵。一般情况下，注射 GnRH 及其类似物 36 h～42 h 后排卵。研究结果表明，分别在 GnRH 处理后 24 h 与 40 h 输精，能确保母猪正常繁殖性能。

【实际操作】

伴随着采用批次化生产方式的规模化猪场的逐步普及，根据猪场实际情况探索总结而确定的定时输精方案各有特色，下面推荐经产母猪和后备母猪定时输精的操作方案。

经产母猪：母猪断奶后 24 h 内肌注孕马血清促性腺激素（Pregnant mare serum gonadotropin，PMSG），以促进卵巢内卵泡发育同步化。肌注 PMSG 后间隔 72 h，再肌注 GnRH，以促使排卵同步化。肌注 GnRH 后 24 h 进行第 1 次输精，肌注 GnRH 后 40 h 进行第 2 次输精。

后备母猪：应根据猪场生产实际，选择一个合适的日龄（长大或大长二元杂母猪约 240 d 左右）肌注 PMSG，以促进卵泡发育同步化，间隔 72 h 后再肌注 GnRH，以促使排卵同步化；24 h 后进行第 1 次输精，40 h 后进行第 2 次输精。

（2）精子活力监测

【标准原文】

8.2　精子活力监测

输精前均应进行精子活力检查，每头公猪或每批次精液产品均应随机抽样检测，并至少监测一份。精子活力应达到 GB 23238 的要求。可采用如下方法中的一种进行精子活力检验：

　　a）仪器法：按 GB 23238 的规定执行；

　　b）人工法：预热显微镜载物台恒温板至 37 ℃，并将载玻片、盖玻片置于恒温板上；从 16 ℃～17 ℃恒温箱取出精液，轻轻摇匀，用微量移液器取 1 滴（或 10 μL）精液滴于载玻片上，盖上盖玻片，置于显微镜下检查活力。

【内容解读】

精子活力直接影响母猪情期受胎率和产子数，故输精前进行精子活力监测是保障输精质量与输精效果的重要环节。只有精子活力大于或等于 60% 的精液产品才能用于输精，否则不能用于输精。精子活力监测可采用《种猪常温精液》（GB 23238—2021）规定的精液质量分析仪器法，也可采用显微镜观察法（人工法）。

【实际操作】

①仪器法。相关实操见本章种猪常温精液精子活力检测部分的内容解读。

②人工法。

a. 器材要求。相差显微镜与恒温载物台、恒温保存箱、50 μL 移液枪等器具，以及试管、载玻片、盖玻片、枪头、擦镜纸、签字笔和记录表等耗材。

b. 操作步骤。

1）打开恒温载物台，设置温度为 37 ℃±1 ℃；开启显微镜，调节放大倍数为 200 倍，按照显微镜使用说明书调整显微镜清晰度，直至 200 倍下能清晰地观察到靶性物质（图 3-48）。

2）从恒温保存箱内拿出待检测精液，轻轻摇匀后，量取 1 mL～3 mL 缓慢加入试管内，将试管置于 37 ℃±1 ℃水浴锅中预热，将已取样的精液放回恒温保存箱内。

3）用移液枪移取 25 μL 滴于预热好的载玻片上，盖好盖玻片，置于 37 ℃±1 ℃恒温载物台上。

4）在 37 ℃±1 ℃、200 倍下观察精子的活动情况，每个样片观察 3 个视野，每个样品观察 2 个样片（图 3-49）。

图 3-48 投影显微镜及恒温载物台

图 3-49 点 样

5）根据视野内前向运动精子的活动情况给出观察值（图 3-50）。如果一个视野内有 80% 的精子在前向运动，则精子活力为 0.8 或 80%；如果一个视野内有 70% 的精子在前向运动，则精子活力为 0.7 或 70%；依此类推，如果一个视野内只有原地打

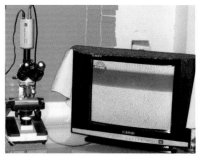

图 3-50 精子活力观察

转或运动很慢且轨迹不清的精子，则精子活力为 0 或 0.1。

结果计算：按下列计算式计算结果。

$$M=(n_1+n_2+n_3+\cdots+n_6)/6$$

式中：M 为活力；$n_1\cdots\cdots n_6$ 为依次观察 6 个视野内的精子活力。

（3）输精管

【标准原文】

8.3 输精管

输精时，可采用单支独立包装的一次性无菌常规输精管或深部输精管进行输精。常规输精管由导管和海绵头组成，其结构见图 2。深部输精管由外套管、海绵头、内导管及锁扣组成，其结构见图 3；当深部输精管的海绵头固定在子宫颈时，内导管可以伸出海绵头继续向前延伸到深部输精要求的位置。

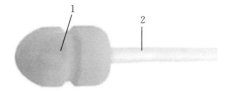

标引序号说明：
1——海绵头； 2——导管。

图 2 常规输精管结构

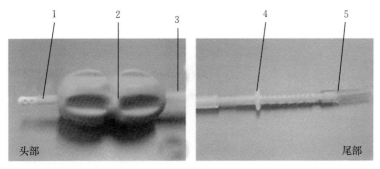

标引序号说明：
1——内导管；2——海绵头；3——外套管；4——锁扣；5——输精口。

图 3 深部输精管结构图

【内容解读】

输精管是顺应猪人工授精技术发展而研制的输精产品。伴随着输精管应用的普及，一次性独立包装的输精管成为猪人工授精专属器具。输精管可分为常规输精管和深部输精管两种。输精管与输精方式有关，宜根据所采用的输精方式来选择最适宜的输精管。

常规输精管主要由前端的海绵头和后端的导管（导管长度因生产厂家而异）构成，导管的尾端/末端可与精液袋/瓶相连接，适用于常规输精。见本标准原文中图2。

深部输精管是伴随着深部输精技术推广普及，在常规输精管基础上发展而来的专用产品，主要由海绵头、外套管、内导管和尾部的锁扣、输精口构成，适用于子宫体深部输精。当海绵头锁定在子宫颈时，内导管可通过外套管伸出海绵头并延伸至子宫体内，到达深部输精要求的位置/部位。见本标准原文中图3。

（4）输精程序

【标准原文】

8.4 输精程序

8.4.1 常规输精程序

8.4.1.1 输精前，输精员先清洗双手并消毒，然后用一次性纸巾清洁母猪外阴及邻近部位。

8.4.1.2 撕开输精管密封袋，露出输精管海绵头部，在海绵头前端涂抹润滑剂（如输精管已经润滑剂处理，可省略）。然后，用手轻轻分开外阴，将输精管沿45°角斜向上插入母猪生殖道内，越过尿道口后再水平插入，感觉有阻力时，缓慢逆时针旋转，并前后移动，当感觉输精管被子宫颈锁定时，即可准备输精。

8.4.1.3 从精液储存箱中取出备好的精液瓶（袋），确认公猪品种、耳号等信息后，缓慢颠倒混匀精液，掰开瓶嘴（或撕开袋口），与输精管相连。

8.4.1.4　根据母猪对输精和人工刺激的反应，通过调节输精瓶（袋）的高低控制输精速度，一般于 3 min～10 min 完成输精。每次授精的输精量和前向运动精子数按照 GB 23238 的规定执行。

8.4.1.5　当输精管内精液完全进入母猪子宫体后，降低精液瓶（袋）位置并保持约 15 s，观察精液是否回流。若有倒流，再提起精液瓶（或袋），直至全部精液彻底进入母猪子宫体。

8.4.1.6　为防止空气进入母猪生殖道，输精管应在生殖道内滞留 5 min 以上，由其慢慢自然滑落。

8.4.2　子宫体深部输精程序

8.4.2.1　按 8.4.1.1 做好准备。

8.4.2.2　取出深部输精管，按 8.4.1.2 的操作将输精管外套管插入生殖道，并保证内导管头部位于外套管内。当感觉海绵头被子宫颈锁定时，暂停操作 2 min～3 min，使母猪子宫颈充分放松。在输精管慢慢插入过程中，逐渐除去外包装袋，以避免输精管被污染。

8.4.2.3　分次轻轻向前推动内导管，每次推入长度不宜超过 2 cm。前行如遇阻力，可轻微外拉或旋转再继续插入。当内导管前插阻力消失时，表明内导管前端已经抵达子宫体，继续向前轻轻插入，再次感觉到阻力时，表明内导管前端已抵达子宫壁，应停止插入，回撤 2 cm 左右，用锁扣固定内导管，准备输精。

8.4.2.4　按 8.4.1.3 操作，将精液瓶嘴（或袋口）连接至内导管末端输精口。

8.4.2.5　挤压精液瓶（或袋）使精液输入子宫体，一般可在 30 s 内完成输精；如遇挤压困难，应略微回撤内导管或使母猪放松 1 min～2 min，再次挤压精液瓶（或袋），以完成输精。每次授精的输精量和前向运动精子数按照 GB 23238 的规定执行。

8.4.2.6　精液瓶（袋）中精液排空后，先将内导管缓慢撤入外套管内，让输精管在生殖道内滞留 5 min 以上，然后慢慢拉出体外。

【内容解读】

常规输精和子宫体深部输精（简称深部输精）在输精过程中对于输精部位和输精速度的把握，以及对母猪外部刺激要求都不一样。

① 常规输精。

a. 输精部位确定。常规输精的输精部位是子宫颈第 2～第 3 皱褶处。插入输精管时，输精管过尿道口后转成水平插入，当感觉输精管前端稍有阻力时，说明输精管前端已到子宫颈口，此时缓慢逆时针旋转并前后移动，稍稍用力将输精管再向前推进 1 cm～2 cm，当感觉到输精管被锁定（回拉感到有一定阻力）时，表示输精管前端的海绵头已经抵达输精部位，可以进行输精。输精时，如果发现精液输入遇到阻力，可适当调整精液瓶的高低位置以调整精液输入速度。

b. 输精速度确定。输精速度过快，精液停留在生殖道的时间太短，不利于精液吸收；过慢则输精时间太长，影响工作进程。一般情况下，根据精液流入速度和母猪反应，调节精液瓶或精液袋高度，进行输精速度调控。如精液流入过快则将高度调低一点，如输精速度过慢则将高度调高一点，要保证全部精液能在 3 min～10 min 流入母猪生殖道内且不出现倒流现象。为防止空气进入母猪生殖道和精液倒流，当全部精液输入后，应取下精液瓶或精液袋，并将输精管外露部分弯折后插入精液瓶或精液袋内，使输精管滞留在生殖道内 5 min 以上，任由其慢慢自然滑落。

c. 外部刺激。输精时，可同时采用多种方式刺激母猪，如倒骑在母猪背上、按摩母猪阴户或肋部、按压母猪背部，还可播放公猪叫声对母猪进行性刺激，以促进母猪生殖道收缩，帮助精液流入子宫体内。

② 深部输精。

a. 输精部位确定。猪生殖道生理解剖结构表明，猪子宫颈长度一般为 10 cm～20 cm，且个体差异大。输精时，将外套管插入生殖道，并保证内导管头部位于外套管内，当感觉到外套管海绵头被子宫颈锁定时，暂停操作 2 min～3 min，待母猪子宫颈充分放松后，轻轻向前推动内导管，每次推入深度不宜超过 2 cm。如遇到阻力时，可轻微外拉或旋转，而后再继续推入。当推入阻力消失时，表明内导管前端已经抵达子宫体，继续向前轻轻推入，当再次感到阻力时，表明内导管前端已抵达子宫壁，停止推入并回撤约 2 cm，用锁扣固定内导管（图 3-51）。

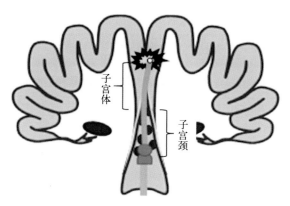

图 3-51　猪深部输精管部位示意图

b. 输精速度确定。深部输精部位在子宫体内，不受子宫颈口屏障制约，且可防止精液倒流。因此，输精速度比常规输精要快很多，一般可在 30 s 内完成输精。如遇到挤压困难，则应将内导管回撤一点点或让母猪放松 1 min～2 min 再挤压，以完成输精。

c. 外部刺激。与常规输精不同，深部输精内导管直接穿过子宫颈口进入子宫体。因此，外导管插入可按常规输精进行操作，当外导管前端海绵体被锁住后，不能对母猪进行外加刺激，并暂停操作 2 min～3 min，待母猪子宫颈充分放松后，再分次轻轻向前推动内导管，每次推入长度不宜超过 2 cm，以免引起子宫收缩，不利于内导管穿过子宫颈口进入子宫体。

【实际操作】

① 常规输精法。

a. 确认发情母猪到了适配期后，输精员清洗双手并消毒，用一次性纸巾清洁发情母猪外阴及邻近部位。

b. 取出独立包装的一次性输精管，检查其外包装（密封袋）是否完好。确认密封袋完好后，从海绵头端撕开密封袋（以露出整个海绵头为宜），将专用润滑剂涂抹在海绵头前端（涂抹时，手不得触摸海绵头）。

c. 用手分开母猪外阴部，将输精管沿斜上方、呈45°角缓慢插入母猪生殖道内。在插入过程中，将外包装逐渐移除（图3-52A），越过尿道口后转为水平方向向前推进输精管。当感到有点阻力，表明输精管前端海绵头已抵达子宫颈口，逆时针方向缓慢旋转并前后移动输精管，直至感觉有阻力时表明海绵头被锁定。

d. 从恒温保存箱取出经检测合格的精液产品，进一步核查产品标签上标注的公猪品种、耳号等信息。确认无误后，缓慢颠倒混匀后，掰开连接口并与输精管相连接。

e. 观察母猪对人为刺激（如倒骑在母猪背上、按摩阴户或肋部）的反应情况，调节精液瓶或精液袋高度（以精液能够顺利地流入为佳）和精液流出速度（控制精液能够在 3 min～10 min 内全部

A   B

图3-52 常规输精

A. 插入输精管 B. 输精

流入为宜）。

f. 保持精液瓶或精液袋在同一高度，并稳定 3 min～10 min（保持 5 min 为佳）。当精液瓶或精液袋内精液全部流入生殖道后，输精结束（图 3 - 52B）。

g. 取下精液瓶或精液袋，将输精管外露部分打结或弯折后，插入到精液瓶或精液袋中，输精完毕并现场完成输精记录表的填写。

② 子宫体深部输精法。

a. 确认发情母猪到了适配期后，输精员清洗双手并消毒，用一次性纸巾清洁外阴及邻近部位。

b. 取出独立包装的一次性输精管，检查外包装是否完好。确认完好后，从海绵头端撕开密封袋，露出整个海绵头，将专用润滑剂涂抹在海绵头前端（涂抹时，手不得触摸海绵头）。用手分开母猪外阴部，用手握住输精管外包装，将输精管沿斜上方、呈 45°角缓慢插入母猪生殖道内。在插入过程中，将外包装逐渐移除（手一直握在外包装上，切忌手直接接触到输精管，以避免输精管被污染）。越过尿道口后转为水平方向向前推进，当感到有点阻力（表明输精管前端海绵头已抵达子宫颈口）时，逆时针方向缓慢旋转并前后移动输精管，当感觉到有阻力时，表明海绵头被锁定，则暂停操作 2 min～3 min，使子宫颈充分放松。

c. 分次向前推动输精管内导管（每次向前推入长度不宜超过2 cm，推入过程中，如遇阻力，则应轻微地向外拉动一点点或轻轻地旋转一下再继续插入）。当感觉推入阻力消失或减小时，表明内导管已经抵达子宫体，继续向前轻轻推进内导管。当再次感觉到阻力时，表明内导管已经抵达子宫壁，立即停止推进，而后将内导管回撤约 2 cm，用锁扣固定好内导管，准备进行输精。

d. 从恒温保存箱取出经检测合格的精液产品，核查产品标签上标注的公猪品种、耳号等信息。确认无误后，缓慢颠倒混匀后，掰开精液瓶的瓶嘴或撕开精液袋的袋口后与输精管相连接。

e. 挤压精液瓶或精液袋，迫使精液快速输入子宫体（可在 30 s 内完成输精）。如遇到精液较难挤出或挤压困难时，应立即停止挤压，而后将内导管向后轻轻回撤一点点或安抚母猪 1 min～2 min，待母猪放松后再次挤压精液瓶或精液袋，直至精液全部挤入到子宫体内，输精完成。

f. 输精完毕，将内导管从子宫体内缓慢回撤到外导管内，再将输精管外露部分打结或弯折，插入到精液瓶或精液袋中，让其滞留在生殖道内保持 5 min 以上。

g. 输精管在生殖道滞留 5 min 后轻轻旋转，再缓慢地抽出（输精管抽出体外后，应立即查看内导管外壁上是否残留有血迹，如有血迹，表明子宫体壁已经被内导管擦伤），输精工作结束。

h. 按输精记录表要求现场填写输精记录。记录时，一定要如实记录内导管查看情况，以规范内导管推入操作。

四、《种公猪站建设技术规范》（NY/T 2077—2011）

1. 术语和定义

【标准原文】

3.1
种公猪站 breeding boar stud
具有一定规模的种公猪，专门从事种猪精液生产的单位。

【内容解读】

种公猪站是伴随着猪人工授精技术推广普及而衍生出来的、专业化生产和销售精液产品的组织形式。截至 2022 年上半年，无论是商业化种公猪站还是自给自足性种公猪站，其饲养的种公猪均性能质量优良、具有良好遗传改良效果，至少能满足本品种标准规定的最低种用价值。不仅如此，在生猪遗传改良计划中，种公猪站还是组织开展联合育种和遗传交流的重要纽带。因此，种公猪站不仅专业性强，而且在生物安全、疫病防控、猪群健康和精液品质等方面都有较高的要求，在环境条件、设备设施以及功能区划上都优于一般种猪场。

无论新建的还是扩建的种公猪站，其核心都是饲养种公猪、生产销售精液产品获取经济效益。因此，饲养种公猪必须有一定的数量（即一定规模），其规模大小取决于产品的覆盖范围、供给对象以及投资力度等。通常情况下，种公猪站存栏种公猪数量应不少于30头。

2. 选址

（1）要求

【标准原文】

4.1　要求

应充分考虑环保和防疫要求，新建站应按照 NY/T 682—2003 中 4.1.1～4.1.4 的要求选址。地质条件能满足工程建设要求。

【内容解读】

种公猪站就是种猪养殖场的一种形式。新建种公猪站（独立经营公猪站或自给自足但不在猪场建设范围内的种公猪站）选址时，首要考虑是否达到环保和防疫要求，除了要符合《中华人民共和国环境保护法》和《中华人民共和国动物防疫法》的规定外，还应符合《畜禽场场区设计技术规范》（NY/T 682—2003）中 4.1.1～4.1.4 的要求。具体要求：①选择场址应符合本地区农牧业生产发展总体规划、土地利用发展规划、城乡建设发展规划和环境保护规划的要求。②新建场址周围应具有就地无害化处理粪尿、污水的足够场地和排污条件，并通过畜禽场建设环境影响评价。③选择场址应遵守十分珍惜和合理利用土地的原则，不应占用基本农田，尽量利用荒地建场。分期建设时，地址应按总体规划需要一次完成，土地随用随征，预留远期工程建设用地。④选择场址应满足卫生防疫要求，场区距铁路、高速公路、交通主干线不小于 1 000 m；距一般道路不小于 500 m；距其他畜牧场、兽医机构、畜禽屠宰场不小于 2 000 m；距居民区不小于 3 000 m；并且应位于居民区及公共建筑群常年主导风向的下风处。由此可见，新建种公猪站不仅要有相关部门出具的环评报告，还要有保障种公猪站生物安全和防疫要求的隔离屏障；不仅要符合当地总体发展规划和环境保护的需要，还要珍惜和合理利用土地资源，尽量利用荒地建场。同时，所选择建设地点的地质条件如地层的岩性、地质构造、水文地质条件和地形地貌等，要达到建设种公猪站的工程建设要求。

（2）环境

【标准原文】

4.2 环境
交通便利，安静，无污染，供电、通信、水源能够满足生产需要。饮用水质量应符合 NY 5027 的规定。

【内容解读】

种公猪站建设地点要交通便利，但不能是车辆人流往来频繁的交通主干道旁边，至少要距离一般交通道路 500 m 以上，远离畜禽养殖区、畜禽屠宰场、医院、工厂等被污染的地方，以保障种公猪站生物安全，并满足防疫要求。

种公猪站建设地点要有最基本的电力、通信、水源保障，能满足种公猪站生产和员工生活需要，为种公猪站正常运行提供最基本的需要。种公猪生产用水量较大，若用市政给水则生产成本很高，一般是就近就地利用水源。为保障种公猪健康，其饮用水质量要求要达到《无公害食品 畜禽饮用水水质》（NY 5027—2008）表 1 中畜饮用水水质安全指标要求（表 3-8）。

表3-8 畜饮用水水质安全指标

项目		标准值
感官性状及 一般化学指标	色	≤30°
	浑浊度	≤20°
	臭和味	不得有异臭、异味
	总硬度（以 $CaCO_3$ 计）（mg/L）	≤1 500
	pH	5.5～9.0
	溶解性总固体（mg/L）	≤4 000
	硫酸盐（以 SO_4^{2-} 计）（mg/L）	≤500
细菌学指标	总大肠杆菌群（MPN/100 mL）	成年畜100，幼畜10
毒理学指标	氟化物（以 F^- 计）（mg/L）	≤2.0
	氰化物（mg/L）	≤0.20
	砷（mg/L）	≤0.20
	汞（mg/L）	≤0.01
	铅（mg/L）	≤0.10
	铬（六价）（mg/L）	≤0.10
	镉（mg/L）	≤0.05
	硝酸盐（以 N 计）（mg/L）	≤10.0

（3）地点

【标准原文】

4.3 地点

地形平坦，地势高燥，背风向阳，地下水位低于2 m，土质有较好的透气、透水性。

【内容解读】

种公猪站建设地点地势要较高、地形要平坦，不在低洼处，不在当地季风的风口上。我国东西南北气候差距较大，夏季南方湿热、多西南风，北方冬季干冷、多北风。因此，选择建设地点时应因地制宜、扬长避短。土质透气和透水性与地面积水直接相关，为了规避雨季或短时大暴雨造成的地面积水甚至水涝灾害，建设地点地下水位要低，土质透气性、透水性要较好。

3. 布局

(1) 站内区域划分

【标准原文】

5.1 站内区域划分

　　根据种公猪站的生产要求，按照功能划分区域，整个站分为生产区、生产辅助区和办公区。生产区与其他区域要隔离分开，生产区与办公区之间应有10 m以上距离，应设置隔离墙、栏或绿化带，并且有隔离和防疫设施。

【内容解读】

　　种公猪站功能区划不仅要满足精液生产工艺流程的要求，还要满足场区生物安全与防疫以及工作人员生产生活的需要。公猪站至少应包括生产区、生产辅助区和办公区。如细分，则可分为公猪饲养区、精液采集区、精液生产区、环保处理区、隔离区、病死猪处理区、进出车辆洗消区、员工生活区、行管办公区等，见图3-53和图3-54。

　　为保障种公猪站生物安全与防疫的需要，一般情况下，种公猪站都会在生产区与其他区域之间规划建设一个集隔离、防疫消毒、更衣洗澡、绿化于一体的生物安全屏障。在进出种公猪站唯一通道（与交通干道相连接）上规划建设第一道生物安全屏障，在进出种公猪站（距种公猪站出入口100 m）通道上规划建设第二道生物安全屏障，将种公猪站置于一个相对封闭的环境之中，以保障种公猪站的生物安全。

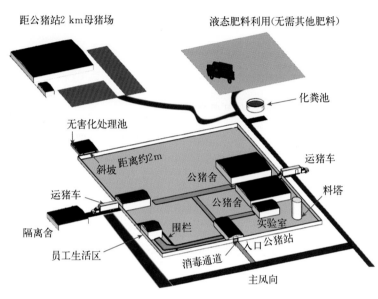

图 3-53 种公猪站平面布局示意图

图 3-54 种公猪舍平面布局实景图

（2）生产区

【标准原文】

5.2　生产区

应有种公猪舍、后备公猪舍、采精室、精液生产室、质量检测室和兽医室，互相之间有道路相通。采精室应与精液生产室相邻，公猪舍与采精室之间有专用通道。

后备公猪舍与种公猪舍应有一定的距离和防疫隔离设施。

区域内应分设净道和污道。

【内容解读】

为满足种公猪饲养管理和精液生产的需要，通常要求公猪舍分置于采精室两端，采精室与精液生产室相邻（用传递窗或传送通道传递原精），兽医室与公猪舍相邻，原精质量检测室与精液生产室相连。

为满足种公猪引进与疫病防控的需要，通常将后备公猪舍单独建设在一个隔离区内，以满足种公猪引进隔离的需要。

洁净区（即净道）与半洁净区（即污道）是两条永不相交的平行线，这是所有猪场设计布局的共同点，种公猪站也不例外，旨在满足防疫与生物安全的需要。

（3）生产辅助区和办公区

【标准原文】

5.3　生产辅助区和办公区

生产辅助区应靠近生产区；办公区应有工作人员的办公与生活设施。

【内容解读】

生产辅助区是指为生产生活服务的建筑（构）物及其设施设

备，如供水设施、供电设施、设备维修间、物资仓库、饲料储存和加工设施等。其中，饲料储存与加工设施应与生产区相邻，以便减少场区内物流运输成本；供电设施应考虑变压器送电半径不超过500 m，可根据场区大小选择合适的位置布置，宜布置于办公区附近，以便于维护；其他辅助设施可以放在办公区和生产区之间，这样有利于加大两区之间的间隔，同时减少公猪站用地面积。办公区是员工办公与生活区域，一般建设在靠近种公猪站入口处。生产辅助区介于办公区与生产区之间。即种公猪站布局纵轴为门卫、办公区、生产辅助区、生产区。

4. 防疫

【标准原文】

6 防疫

6.1 环境质量及卫生控制质量应符合 NY/T 1167 的规定。

6.2 应有围墙和防疫沟及绿化带，门口应设消毒池；在生产区入口处设人员更衣淋浴室、消毒间和车辆消毒池。

6.3 取得县级以上兽医行政主管部门核发的动物防疫合格证。

【内容解读】

① 条款中提及的环境质量与卫生控制质量指与防疫相关的空气环境质量及卫生指标、土壤环境质量及卫生指标，以及舍区生态环境及卫生指标。其中，空气环境质量及卫生指标、舍区生态环境质量及卫生指标应符合《畜禽场环境质量标准》（NY/T 388—1999）的相关要求；土壤环境质量及卫生指标应符合《畜禽场环境质量及卫生控制规范》（NY/T 1167—2006）的相关要求。种公猪站空气环境质量及卫生指标见表3-9，舍区生态环境质量及卫生指标见表3-10，种公猪站土壤环境质量及卫生指标见表3-11。

表 3-9 种公猪站空气环境质量及卫生指标

项目	缓冲区	场区	猪舍
氨气（mg/m³）	2	5	25
硫化氢（mg/m³）	1	2	10
二氧化碳（mg/m³）	380	750	1 500
PM$_{10}$（mg/m³）	0.5	1	1
TSP（mg/m³）	1	2	3
恶臭（稀释倍数）	40	50	70

资料来源：《畜禽场环境质量标准》（NY/T 388—1999）4.1 的表 1。

注：表中数据皆为日均值。

表 3-10 舍区生态环境质量及卫生指标

项目	仔猪	成猪
温度（℃）	27~32	11~17
湿度（相对）（%）	80	
风速（m/s）	0.4	1.0
光照度（lx）	50	30
细菌（个/m³）	17 000	
噪声（dB）	80	
粪便含水率（%）	70~80	
粪便清理	日清粪	

资料来源：《畜禽场环境质量标准》（NY/T 388—1999）4.2 的表 2。

表 3-11 种公猪站土壤环境质量及卫生指标

项目	缓冲区	场区	舍区
镉（mg/kg）	0.3	0.3	0.6
砷（mg/kg）	30	25	20

（续）

项目	缓冲区	场区	舍区
铜（mg/kg）	50	100	100
铅（mg/kg）	250	300	350
铬（mg/kg）	250	300	350
锌（mg/kg）	200	250	300
细菌总数（万个/g）	1	5	—
大肠杆菌（g/L）	2	50	—

资料来源：《畜禽场环境质量及卫生控制规范》（NY/T 1167—2006）7.1 的表 1。
注：表中数据皆为日均值。

②为满足公猪站防疫和生物安全需要，要求种公猪站与外界之间要有一定距离的缓冲区，没有污染源。应建有围墙、防疫沟和绿化带，门口应设有消毒池或消毒通道（包括车辆、人员消毒用设施）；在生产区入口处设人员更衣淋浴室、消毒间和车辆消毒池等。

③根据《中华人民共和国防疫法》，向相关部门申请并获得动物防疫合格证是从事种公猪饲养与精液生产经营活动的必备条件。

5. 基础设施

（1）设计

【标准原文】

7.1 设计
基础设施设计参照的 NY/T 682—2003 中 4.1.1～4.1.3 的要求。

【内容解读】

种公猪基础设施设计时，要综合考量选择建设用地的基本条件才能进行。因此设计时要参照选址情况。关于选址内容解读见本章种公猪站选址要求的内容。

(2) 种公猪舍

【标准原文】

7.2　种公猪舍

7.2.1　平面布置

7.2.1.1　可以设计为双列式或单列式畜舍；饲养舍应以长轴南向，或南偏东或偏西15°以内；饲养舍距离围墙及两栋饲养舍之间的距离控制参照 NY/T 682—2003 中 4.2.8 的规定。

7.2.1.2　单栏面积不低于 6 m²；应有满足冬季保暖、夏季防暑降温和通风的设施；可以安装电视监控系统。

7.2.2　建筑要求

7.2.2.1　地面基础应有足够的强度和稳定性，坚固；地面要防滑，并有适当坡度。

7.2.2.2　屋顶应有隔热层，要求质轻、坚固耐用。

7.2.2.3　墙体坚固，具有良好的保温和隔热性能。外双开门或拉门，不设门槛或台阶。窗户能满足采光等需要。

7.2.2.4　饲料通道宽度不低于 1 m，赶猪通道宽度不低于 0.7 m。

7.2.2.5　每头公猪有单独的饲槽和自动饮水器。

7.2.2.6　圈舍栏的设计参照 GB/T 20014.9—2008 中 4.1.5 的规定。

7.2.3　粪便处理

粪便的收集和处理应该本着防止扬散、防止流失和防止渗漏的原则，建储粪池。其容积须根据公猪的数量确定，储粪池底部和侧面不渗水。储粪池与公猪舍有一定距离，应设在下风边缘处，其处理应按照 NY/T 1168 的规定执行。

【内容解读】

① 猪舍列式、朝向、间距及保温要求。

a. 猪舍可设计为双列式或单列式。单列式有利于通风采光，但不利于封闭式管理与防疫；双列式则相反。近几年，新建种公猪站多采用双列式（图3-55）。

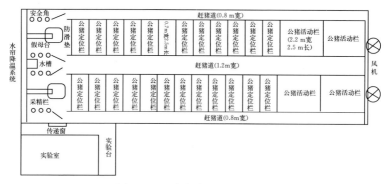

图3-55 种公猪舍平面布局图

b. 根据种公猪站选址、选址所在地常年季风风向以及建设地周边环境条件确定猪舍朝向。一般，猪舍朝向应以长轴南向或南偏东或偏西15°以内。当然，也可根据实际情况因地制宜、科学合理地布置。

c. 参照《畜禽场场区设计技术规范》（NY/T 682—2003）中4.2.8的规定，猪舍与围墙及相邻猪舍之间的距离：无舍外运动场时，两平行侧墙的间距控制在8 m～15 m为宜；有舍外运动场时，相邻运动场栏杆的间距控制在5 m～8 m为宜；相邻两栋猪舍端墙之间的距离不小于15 m为宜。近几年，新建种公猪站多数采用封闭式一体化，各生产车间和工作单元以连廊的形式连接，满足生物安全和防疫的需要。

d. 为了给种公猪提供一个活动空间，满足其能够在栏圈内来回或转圈活动的需要，一般单栏饲养且面积不低于6 m²。为给种公猪营造适宜温度，通过采用墙体隔热保温材料或加装通风、保温等设施调节舍内小气候，使猪舍满足冬季保暖、夏季防暑降温的要求。

② 猪舍建筑要求。

a. 为确保地面不出现开裂、隆起、坑洼等现象，地面基础应有足够的强度和稳定性，并且要坚固。为确保种公猪在栏圈内活动不会出现滑倒、后肢摊开等现象，地面要防滑。为确保栏圈地面不出现积水、尿滞留等现象，以保持地面干燥，地面要有适当坡度。

b. 屋顶的隔热层是指在屋面之下建设一个具有隔热作用的吊顶。应选用隔热性能良好，轻便、坚固耐用的材料制作，以达到隔热目的。

c. 用于建筑猪舍墙体的材料不仅要满足工程建设的要求，还要坚固结实，并用保温和隔热性能良好的材料在墙体内外建设保温和隔热层。为了满足种公猪和饲料手推车进出的要求，猪舍应用外双开门或拉门，且门口不设门槛或台阶。为了满足猪只生理和节省能耗需要，窗户不宜太大也不宜太小，要能满足采光需要。

d. 为了方便小推车饲料运送，饲料通道宽度适当大于小推车的宽度，一般不低于 1 m。为方便将种公猪赶往采精室、赶回原栏圈，赶猪通道宽度一般不低于 0.7 m。为满足种公猪饲喂和自由饮水，每头公猪要有单独的饲槽和自动饮水器。

e. 设计公猪圈栏时，参照《良好农业规范　第 9 部分：猪控制点与符合性规范》（GB/T 20014.9—2008）中 4.1.5 的规定：公猪圈栏（图 3-56）的结构和位置应便于猪与猪之间的交流，应提供清洁干燥的休息区；圈养成年公猪的最小区域应为 6 m²，且圈舍的形状不会限

图 3-56　种公猪栏圈

制公猪的自由活动。2013 年，GB/T 20014.9—2008 修订，但 4.1.5 未发生变化。

③ 粪便处理。为促使种公站粪便无害化和资源化利用，减少对周边环境的污染，粪便的收集和处理应该遵循防止扬散、防止流失和防止渗漏的原则。储粪池是种公猪站收集和处理粪便的必备设

施，其容积的大小由种公猪站规模来确定；其底部和四周不仅要有良好的防渗漏性能，还要加盖顶层；其要建在距离猪舍较远且位于猪舍下风口的位置，以免所产生异味被风吹进猪舍。

条款提及粪便处理应按照《畜禽粪便无害化处理技术规范》（NY/T 1168—2006）的规定执行。2018 年，NY/T 1168—2006 经修订后上升为国家标准，发布为《畜禽粪便无害化处理技术规范》（GB/T 36195—2018）。根据国家标准化相关管理规定，修订发布后的国家标准自动代替原行业标准，基于此，本标准粪污处理要求应按照《畜禽粪便无害化处理技术规范》（GB/T 36195—2018）的规定执行。GB/T 36195—2018 分别对固体粪便和液体粪便给出不同处理方式和要求，其中固体粪便推荐采用反应器、静态堆垛等好氧堆肥方式，并且经堆肥处理后卫生学指标达到表 3-12 的要求；液态粪便推荐采用氧化塘储存后还田，或是固液分离、厌氧、好氧或其他生物处理等单一或组合方式，并且经处理后卫生学指标达到表 3-13 的要求。值得指出的是，种公猪站采用哪种粪便处理方式与猪舍建筑设计、生产工艺流程等密切相关。

表 3-12   固体粪便堆肥处理卫生学要求

项目	卫生学要求
蛔虫卵	死亡率≥95％
粪大肠菌群数	≤10^5 个/kg
苍蝇	堆体周围不应有活的蛆、蛹或新羽化的成蝇

资料来源：《畜禽粪便无害化处理技术规范》（GB/T 36195—2018）7.1.2 的表 1。

表 3-13   液体粪便厌氧处理卫生学要求

项目	卫生学要求
蛔虫卵	死亡率≥95％
钩虫卵	在使用粪液中不得检出活的钩虫卵
粪大肠菌群数	常温沼气发酵≤10^5个/L，高温沼气发酵≤100 个/L

（续）

项目	卫生学要求
蚊子、苍蝇	粪液中不应有效蚊蝇幼虫，池的周围没有活的蛆、蛹或新羽化的成蝇
沼气池粪渣	达到表3-13要求后方可用作农肥

资料来源：《畜禽粪便无害化处理技术规范》（GB/T 36195—2018）7.2.4的表2。

（3）采精室

【标准原文】

7.3 采精室

使用面积不小于12 m²，有控温、控湿、通风换气和消毒设施设备，采精架牢固、可升降；室内应配置防护栏，地面防滑，与采精准备室相通；与精液生产室之间应有精液传递窗。

【内容解读】

为满足采精公猪、采精员的活动空间需要，采精室面积一般不小于12 m²。为营造一个良好的环境条件，以提高公猪的舒适感、性欲及采精量，确保工作人员正常作业，采精室中要配置控温、控湿、通风换气和消毒设施设备。为满足不同年龄、不同体重和不同品种（引入品种、培育品种、地方品种）的采精需要，采精架要牢固且可升降。采精时公猪因某种原因突然对采集员发起攻击时，为确保采精员能迅速撤离，采精室内应配置防护栏。为了防止采精作业时种公猪滑倒，地面要进行防滑处理。为了方便采精员拿取器材，采精室与采精准备室要相通。为了方便采集的精液快速送达生产室，确保原精液质量，采精室与精液生产室之间应有精液传递窗（图3-57）。

图3-57 采精室

(4) 精液生产室、精液质量检测室

【标准原文】

7.4 精液生产室

使用面积不小于 20 m²，有控温、控湿、通风换气和消毒设施设备，窗户有窗帘，配备更衣间。

7.5 精液质量检测室

使用面积不小于 10 m²，有控温、控湿、通风换气和消毒设施设备，窗户有窗帘。

【内容解读】

为了满足生产、质检人员活动空间以及摆放精液生产及质检设备设施的需要，精液生产室和质量检测室需要有足够的面积，一般，精液生产室不小于 20 m²（图 3-58）、精液质量检测室不小于 10 m²（图 3-59）。原精液在 20 ℃～25 ℃条件下存放时间不宜超过 1 h，稀释后精液的存放时间不宜超过 2 h，如果室内温度过高则直接影响到精液产品质量，同时如果室内环境条件达不到卫生要求，对精液质量也会生产影响。因此，要求精液生产和质量检测室的温度控制在 20 ℃～25 ℃，并适时消毒。为确保精液质量，精液生产室和质量检测室均应配置控温、控湿、通风换气和消毒设施设

图 3-58 精液生产室

图 3-59 精液质量检测室

备。精子对光中的紫外线比较敏感，为减轻紫外线对精子的损害，要安装窗帘遮挡阳光。

6. 种公猪

【标准原文】

8 种公猪

8.1 品种和数量

品种应符合当地生猪改良规划和要求，存栏采精种公猪不少于30头。

8.2 质量

8.2.1 来源

种公猪来源于取得省级种畜禽生产经营许可证的原种猪场，具有三代以上完整系谱和性能测定记录，遗传评估优良、健康无病符合种用要求。从国外引种需符合国家有关规定。

8.2.2 常温精液产品

质量应符合 GB 23238—2009 中 4.2.1～4.2.6 的要求。

【内容解读】

(1) **种公猪品种和数量要求** 在生猪遗传改良计划中，种公猪站是组织开展联合育种和遗传交流的重要纽带。为了满足当地生猪遗传改良规划的需要，应选择符合要求的品种作为饲养对象，且所选用种公猪符合相应的质量与健康要求。根据生产经验，种公猪站存栏规模不少于30头。若规模过小，生产成本、管理成本和运营成本相对较高，不利于运营发展。

(2) **种公猪来源和常温精液产品质量要求** 种公猪来源要求解读见本章种猪常温精液中种猪术语的内容。种公猪生产的常温精液产品质量要符合《种猪常温精液》（GB 23238—2009）中规定的常温精液产品质量要求，包括外观、剂量、精子活力、每剂量中直线前进运动、精子数精子畸形率和有效期 6 个指标。2021 年，修订发布了《种猪常温精液》（GB 23238—2021）。因此，当前种公猪生产的常温精液产品（图 3 - 60）质量应符合 GB 23238—2021 中表 1 的规定。有关表 1 内容解读见本章种猪常温精液技术要求的内容。

图 3 - 60　种猪常温精液产品

7. 仪器设备

【标准原文】

9　仪器设备

9.1　配置

仪器设备的配置应满足生产需要，其性能、量程、精度应满足技术要求，在用仪器设备完好率为 100%；计量器具按照有关规定定期检定；种公猪站仪器设备及精液生产用品配置参见附录 A。

9.2　使用与管理

仪器设备应正常维护，精密仪器设备应有操作规程和使用记录。应有档案，包括检定记录以及仪器设备的购置、验收和报废。

【内容解读】

（1）**种公猪站仪器设备配置** 种公猪站仪器设备配置要满足精液生产工艺流程的需要，包括但不限于表3-14中的规定。配备的仪器设备性能、量程、精度应满足检测指标和精度的技术要求。涉及精液生产各环节的所有仪器设备都能正常工作且运行良好，完好率达到100%。需要进行计量检定的设备（如精子密仪、电子天平、显微镜等）及器具（如量筒、温度计、恒温载物台等）应按规定送到第三方有资质的计量检定机构进行检定，并在检定或校准有效期内使用。图3-61至图3-68列举了部分仪器设备。

表3-14 种公猪站仪器设备配置

名称	规格及用途
采精架（假母台）	采精用，可升降、调角度
防滑垫	环保橡胶，不含滑石粉添加剂
生物显微镜或视频显微系统	40×～600×，有相差镜头，观测精子数、活力和畸形率
显微镜恒温台（板）	数显温度，加热载玻片
电子精密台秤	精液、稀释粉称重
精子密度测定仪	精子密度测定
红细胞计数板	测定精液中精子数量
pH计	$(0.0\sim14.0)\pm0.1$，测定精液、稀释液的pH
精液分装机	分装精液
电子天平	$(0\,g\sim300\,g)\pm0.01\,g$，称量化学试剂
恒温水浴锅	数显式控温，控温精度$\pm1\,℃$
磁力搅拌器	可恒温、调速
超纯水机	稀释液用水
精液恒温运输箱	可控温度$17\,℃\pm1\,℃$，数显外置
精液恒温储存箱	可控温度$17\,℃\pm1\,℃$，数显外置
鼓风干燥箱	数显可调，$50\,℃\sim300\,℃$
数显电热培养箱	可调温度$34\,℃\pm1\,℃$，数显温度

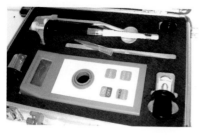

图 3 - 61　精子密度测定仪

图 3 - 62　超纯水机

图 3 - 63　精液分装机
（手动）

图 3 - 64　精液分装机（自动）

图 3 - 65　精液运输箱

图 3 - 66　精液质量分析仪

图3-67　电子台秤　　　　　　　　图3-68　精液产品储存箱

（2）**仪器设备使用与管理**　仪器设备使用与管理主要包括4个方面。一是日常维护。要求仪器设备做好日常维护保养工作，以保障其完好率达到100%。二是制定操作规程。对于精密设备均需要制定操作规程，以规范操作，减少因操作不当引起损坏，甚至导致质量安全事故。三是做好使用记录。主要记录何时、何地、何人使用这台仪器，使用前后的运行情况以及使用时间等。一旦该仪器出现异常或故障，可通过其使用记录来查找原因；一旦发生责任事故，可通过查阅使用记录追本溯源。四是建立仪器设备档案。主要包括购买申请、购买合同，安装、调试、验收记录，仪器设备使用说明书、操作规程、使用记录、日常维护记录、维修记录、报废申请及报废处理记录等，量值设备还应有检定或校准证书（图3-69、图3-70）。

图3-69　仪器设备档案　　　　　　图3-70　仪器设备检定标识

8. 人员要求

【标准原文】

10　人员要求

单位技术负责人必须具有畜牧或兽医专业大专以上学历或具有中级以上技术职称，有本专业工作经验。技术人员必须经过专业培训并取得合格证后方可上岗。

【内容解读】

种公猪站是从事种公猪饲养、猪精液生产的猪场，专业性和技术性较强，相关岗位人员需要具有一定专业能力：一是学历和经验，要求技术负责人具有畜牧或兽医专业大专以上的学历或具有中级以上技术职称，并有从事本专业工作经验；二是持证上岗，要求相关技术岗位（如采精员、检验员等）均经过专业培训，取得培训合格证书后方可上岗（图3-71、图3-72）。

图3-71　职业资格证书

图3-72　家畜繁殖员国家
职业技能标准

9. 技术规程和管理制度

【标准原文】

11 技术规程和管理制度

——种公猪精液生产技术规程；

——种公猪精液质量检测技术规程；

——种公猪饲养管理技术规程；

——种公猪免疫、检疫及疾病防治规程；

——仪器设备的管理、使用和维修制度；

——仪器设备订购、验收和报废制度；

——人员培训与上岗制度；

——技术资料档案管理制度；

——财务管理制度；

——各类工作人员岗位责任制。

【内容解读】

为了满足种公猪站规范管理、按标生产、有效运营的需要，种公猪站要制定符合种公猪饲养和精液生产工艺流程的关键控制点的技术规程和管理制度，主要包括公猪饲养与保健、仪器设备管理、人员管理、财务管理和资料管理等。

第4章

种猪生产性能测定标准与
关键技术实操

一、《种猪生产性能测定规程》（NY/T 822—2019）

1. 术语和定义

（1）瘦肉型猪

【标准原文】

3.1
瘦肉型猪　lean - type pig
按照 NY/T 825 的规定进行屠宰测定，胴体瘦肉率（宰前活重95 kg～105 kg）至少达 55.0%的猪只。

【内容解读】

根据猪种资源的原产地，可将猪种分为引入品种（原产地不在本国）、地方品种（原产地在本国，分布在全国区域经国家认可的地方资源）和培育品种。引入品种多为瘦肉型猪种，如杜洛克猪、长白猪、大白猪等，具有瘦肉率高、生长速度快、饲料转化率高等优点。地方品种多为脂肪型品种，具有猪母性好、肉质优良、耐粗饲、抗病力强等优点，但存在瘦肉率低、生长速度慢、饲料转化率低等不足。培育品种是利用国内外两类猪种遗传资源杂交育成的新品种或专门化品系，多为瘦肉型，其生长性能、繁殖性能和肌肉品质等一般介于引入品种与地方品种之间，是我国品种资源利用和创新的目标。

之所以规定宰前活重 95 kg～105 kg，是因为胴体瘦肉率与宰前活重呈高度负相关（宰前活重越大则瘦肉率越低），这是由猪的生长发育规律所决定的。研究资料表明，商品猪在 92 kg～95 kg 阶段胴体瘦肉率比 95.5 kg～109 kg 高，在 107 kg～109 kg 阶段肌肉品质优良，肉色、大理石纹评分、肌内脂肪含量较 92 kg～106 kg 高，肌肉失水率低，若兼顾胴体瘦肉率和肌肉品质，则选择95 kg～105 kg 较为合适。比较瘦肉型猪和脂肪型猪不难发现，瘦肉型猪不仅体型大、体躯长（体长大于胸围 15 cm）、背腰腹平直、背膘薄（第 6 至第 7 肋骨背膘厚 1.5 cm～2.5 cm）、腿臀丰满，而且生长快（一般 180 日龄体重大于 100 kg）、饲料转化率和瘦肉率高（能有效地将饲料蛋白转化为动物蛋白）；脂肪型猪则体型较小、体躯较短、背膘较厚、背腰腹不平直，后躯欠丰满，且生长较慢、饲料转化率不佳、瘦肉率低。因此，在以生长速度和瘦肉率为生产目标的情况下，规定一个适宜的屠宰活重，是衡量和比较不同品种在同一体重条件下胴体性能差异的需要。随着育种目标向大体型方向发展，生猪宰前活重也随之发生变化。

（2）中心测定、场内测定

【标准原文】

3.2

中心测定　station testing

将不同来源的猪只置于营养水平和环境条件一致的、第三方的测定场所进行饲养，测定其特定体重阶段的生产性能表型值。

3.3

场内测定　on‑farm testing

将受测个体置于营养水平和环境条件一致的、本场的测定场所进行饲养，测定其特定阶段的生产性能表型值。

【内容解读】

种猪测定是按照既定的测定方案，将测定猪置于相对一致的环境和饲养管理条件下，采用标准方法对目标性状进行度量的过程，是为遗传评估和育种提供科学数据的一项重要技术手段。按测定场地的不同，种猪测定可划分为中心测定（又称测定站测定、集中测定）和场内测定（又称农场测定、现场测定）。

中心测定是第三方测定，测定对象主要是公猪。其主要目的是对同一品种不同来源的种猪进行客观比较，并对其性能做出客观公正的评判。中心测定起源于丹麦（1907 年），我国在 1985 年建立第一个中心测定站。经过中心测定的优秀种猪可用于人工授精站、商品场和种猪场，以加快遗传进展和遗传交流，促进养猪业的高质量发展。

场内测定是第一方（生产方）测定，测定对象不仅有公猪生长性能，还有母猪繁殖性能，其主要目的是按照一定选择强度选留后备种猪，提高选择差以加快育种进展。场内测定还可为种猪销售提供性能测定信息和部分基因组信息，按质分类、定价销售，这是促进我国种猪市场优质优价良性发展的必然趋势。

（3）目标体重

【标准原文】

3.4
目标体重　target weight
育种目标所规定的体重。

【内容解读】

目标体重是育种者设定育种目标的关键指标。育种目标是集市场需求潜力、社会生活水平、育种技术、预期经济效益于一体的，并持续选择的性状，如目标体重、达 100 kg 体重日龄、饲料转化率等。设立目标体重是因为目标体重不仅与瘦肉率、商品猪出栏体重、价格和屠宰率有关，而且与种猪性能质量评判、遗传评估有关。通常情况下，目标体重多为 100 kg～110 kg，并在一定时期内保持不变。

2. 中心测定要求

(1) 测定场所的要求

【标准原文】

4.1.1 测定场所的要求如下：

a) 生长性能：应有独立的饲养场所，且各功能区完备；

b) 胴体性状和肉质性状：应有固定的实验检测场所。

【内容解读】

中心测定应具备 3 类场所：一是饲养场所（图 4-1）；二是胴体性状测定场所（图 4-2）；三是肌肉品质评定实验室（图 4-3）。这些场所相对独立，并配备能保障各项测定工作顺利开展的设施设备。

图 4-1 中心测定的测定舍

图 4 - 2　胴体性状测定场所　　　图 4 - 3　肌肉品质评定实验室

(2) 设施设备的要求、测定人员

【标准原文】

4.1.2　设施设备的要求如下：

a)　生长性能：测定设备应满足日增重、达目标体重日龄、活体背膘厚、活体眼肌面积、饲料转化率等性状测定的需要，其中：

1)　笼秤：称量范围为 0.0 kg～(200.0±0.1) kg；

2)　B超：应符合 NY/T 2894 的规定；

3)　自动饲喂系统的料槽：称量范围为 0.0 g～(1 500.0±2.0) g；

4)　测定设备应经第三方检验检测机构计量检定或校准合格；

5)　测定舍内应配备有环境调控的设施。

b)　胴体与肉质性状：应满足 NY/T 821、NY/T 825 全项测定的要求，测定设备应经第三方检验检测机构计量检定或校准合格。

4.1.3　测定人员：应配备有固定的专业技术人员，且持证上岗。

【内容解读】

设施设备是保障测定工作顺利实施的前提，因此，要完成本标准规定的测定项目，确保测定数据准确可靠，设施设备配置必须满足本条款规定的要求。中心测定必须配置的测定设备见图4-4至图4-8。凡出具量值的仪器设备都应经第三方检验检测机构计量检定或校准合格，并在有效期内使用。测定工作具有较强的专业性，从事测定工作的人员应了解相关专业知识和相应设施设备的使用，且应经过专业技术培训，持证上岗。

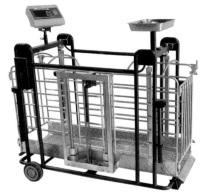

图4-4 电子笼秤

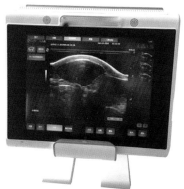

图4-5 B型超声测膘仪

图4-6 自动饲喂系统

图4-7 酸度计

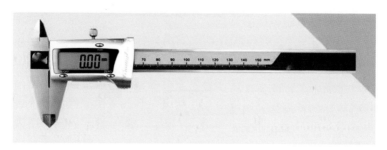

图 4 - 8 电子数显卡尺

(3) 送测猪的要求

【标准原文】

4.1.4 送测猪的要求如下：

a) 外貌应符合本品种特征，生长发育良好，无遗传缺陷；

b) 个体编号应符合 NY/T 820 的规定；

c) 体重为 20.0 kg～26.0 kg，且日龄小于 70 d。

d) 送测时，种猪场应提交本场的基本情况、品种品系来源、系谱档案、免疫情况、健康检验检测报告等材料。

【内容解读】

送测猪外貌应符合本品种特征，一般根据对应品种标准（如国家标准、行业标准等）判断外貌特征的符合性，如长白猪应符合 GB/T 22283 的规定。为了确保送测猪的健康，送测猪应发育良好、无遗传缺陷。

《种猪登记技术规范》（NY/T 820—2004）附录 A 中 A.1 规定了个体号实行全国统一的种猪编号系统，编号系统由 15 位字母和数字构成。前两位用英文字母表示品种，其中，DD 表示杜洛克猪、LL 表示长白猪、YY 表示大白猪、HH 表示汉普夏猪等，二元杂交母猪用父系加上母系的第 1 个字母表示，如长大杂交猪可以用 LY 表示；第 3 位至第 6 位用英文字母表示场号（由农业农村部统一认定）；第7位用数字或英文字母表示分场号（先用1~9，然后用A~Z，无分场的种猪场用1）；第8位至第9位用公元年份最后两位数字表示个体出生时的年度；第10位至第13位用数字表示场内窝序号；第14位至第15位用数字表示窝内个体号。

限制送测猪体重和日龄是为了保障送测猪的体重与日龄的相对一致性，以利于测定猪群能够在相对一致的时间内入试（开测），减少入试体重差异过大所带来的校正误差，保证测定在同样的种猪选择条件下得到最佳的测定结果，确保测定结果公平公正。按照本标准规定入试体重以30 kg为宜，如果送测体重为23 kg±3 kg，按日增重500 g、隔离15 d计算，入试体重为30 kg±3 kg，符合本标准的入试体重范围。资料显示，28 d断奶，断奶重均值约7.3 kg，最大的达7.9 kg；65 d体重最低可达20.9 kg，高的可达24.4 kg。因此，规定日龄小于70 d，不仅符合生产实际，更是保证测定猪群入试体重（开测体重）相对一致的需要（图4-9）。

图4-9 送测猪

送测时，送测种猪场按照测定中心的要求，现场提交本场送测猪群每一个体的品种或品系来源、系谱档案、免疫情况和抽血送检结果（健康检验报告），以及送测种猪场的基本情况等材料。测定中心应指定专人现场核验送测场提交的各项材料，现场确认并交接清楚。送测场提交材料应及时归档保存。

(4) 测定猪日粮的要求

【标准原文】

4.1.5 测定猪日粮的要求如下：

a) 日粮新鲜，无霉变。日粮的配方应比较稳定，且配制日粮的原材料应无霉变、结块；

b) 日粮的营养水平参见附录 A。

A.1 测定前期日粮的营养水平

见表 A.1。

表 A.1 测定前期日粮的营养水平

指标	消化能	粗蛋白	赖氨酸	蛋氨酸＋胱氨酸	钙	磷
标准	≥13.54 MJ/kg	≥17%	≥1.0%	≥0.6%	0.8%	0.7%
允差	±5%	±5%	±10%	±10%	±10%	±10%

A.2 测定后期日粮的营养水平

见表 A.2。

表 A.2 测定后期日粮的营养水平

指标	消化能	粗蛋白	赖氨酸	蛋氨酸＋胱氨酸	钙	磷
标准	≥13.3 MJ/kg	≥16%	≥0.9%	≥0.5%	0.7%	0.6%
允差	±5%	±5%	±10%	±10%	±10%	±10%

【内容解读】

随着猪育种和营养需求研究的进展，猪的日粮营养需求在不断改变，测定料的配制要与之相适应。根据测定猪的入试体重范围，测定期种猪的生长发育基本可分为 30 kg～60 kg 和 60 kg～120 kg 两个阶段，饲喂方式为自由采食，测定料应按品种、性别、生长阶段配制日粮，满足不同阶段的营养需要，以充分保障发挥测定种猪的遗传潜力。测定前期种猪以骨骼和瘦肉生长为主，测定后期瘦肉生长达到高峰期，在 100 kg 以后逐步过渡到以脂肪沉积为主。因此，测定前期需要的蛋白、氨基酸等营养价值较后期高，两个阶段的推荐营养水平参见本标准中附录 A 表 A.1 和表 A.2。

日粮配制应因地制宜选择合适的原料，并保持原料的新鲜度和安全性。原料霉变会导致毒素超标，严重影响猪只采食的适口性，并缩短日粮的保存期。种猪采食霉变饲料后会危害机体健康和生长发育，甚至影响种用价值。霉菌毒素的主要来源为能量原料或副产品，如正常的玉米和霉变玉米（图 4-10、图 4-11），还包括小麦、大麦、麸皮等。日粮配制后应避免污染和保证在规定时间内使用，特别是高温高湿条件下，很容易导致日粮在运输和储存期发生霉变，正常日粮呈亮黄色，无霉变现象（图 4-12），霉变日粮则颜色发青发黑（图 4-13），同样会导致猪只采食量下降、呕吐、腹泻甚至中毒，影响测定的正常进行。

图 4-10　正常的玉米

图 4-11　霉变的玉米

图 4-12　正常的配合饲料

图 4-13　霉变的配合饲料

3. 场内测定的要求

(1) 测定场所

【标准原文】

4.2.1　测定场所的要求如下：

a) 生长性能：应满足活体背膘厚、活体眼肌面积、达目标体重日龄等性状测定的需要；

b) 繁殖性能：有比较固定的产房，产房的内环境、产床数应满足繁殖性能测定的需要。

【内容解读】

场内开展的生长性能测定场所可以是测定站，也可以是测定舍，且测定场所应相对独立和相对固定。如果是测定站，则应独立于生产区外；如果是测定舍，则应独立于其他日常生产栋舍。无论是测定站还是测定舍，测定场所内环境的温湿度应可调可控，能满足猪生长环境条件的要求；种猪场应配备与测定性状相配套的测定设备和相关的辅助设施。

场内开展的繁殖性能测定场所是相对固定的产房（图4-14），

图4-14　产房布局图

产床数应满足繁殖性能测定要求，产房内环境温度宜控制在 20 ℃～ 24 ℃，并保持产房干燥；产房应关闭窗户，白天每 2 h 通风 3 min～ 5 min，风大情况下可每 4 h 通风 1 次；仔猪保育箱内可采用加热控温装置或加装取暖灯进行温度调控，以满足仔猪生长的需要。

（2）设施设备及人员

【标准原文】

4.2.2　设施设备的要求如下：

a）　生长性能：应满足活体背膘厚、眼肌面积、达目标体重日龄等测定项目的需要，其中：

1）　笼秤：称量范围为 0.0 kg～（200.0±0.1）kg；

2）　B 超：应符合 NY/T 2894 的规定；

3）　测定设备应经第三方检验检测机构计量检定或校准合格；

4）　测定舍内应配备有环境调控的设施。

b）　繁殖性能：应满足产仔数、初生重、断奶重等测定项目的需要，其中：

1）　测定设备应经第三方检验检测机构计量检定或校准合格；

2）　产房内应配备有环境调控设施，产床内应配备有仔猪保温设备。

4.2.3　人员：应配备有比较稳定的专业技术人员，且持证上岗。

【内容解读】

场内生长性能测定性状有活体背膘厚、眼肌面积、达目标体重日龄等。凡是开展场内测定的种猪场，都应配备与测定性状相匹配的测定设备和环境调控设施，测定设备包括但不限于笼秤 200.0 kg± 0.1 kg 和 B 型超声测定仪。为保障测定数据的准确性和可靠性，出具量值的测定设备应经第三方检验检测机构检定/校准，只有检定/校准合格并在检定/校准有效期内，方可使用。

场内繁殖性能测定性状有总产仔数、产活仔数、初生重、断奶

重、断奶仔猪数等。其中，总产仔数、产活仔数、断奶仔猪数等计数性状采用现场登记方式进行，初生重、断奶重等称量性状则采用称重方式进行。繁殖性能测定与饲养管理设备设施正在朝自动化、智能化方向发展。现代化母猪舍一般都配备有舍内环境监控系统（图4-15），有助于饲养管理者根据猪舍情况实时监控与调节舍内温湿度，且母猪的产房产床（图4-16）也会配备仔猪保温相关设备，有助于仔猪生长发育，提升仔猪成活率。性能测定舍温度宜控制在18℃～25℃、湿度45%～75%，繁殖母猪舍温度20℃～24℃、湿度45%～60%，可配备高效空气过滤系统（图4-17）和降温湿帘（图4-18），用以净化空气和控制测定舍内温湿度。母猪的产仔记录与初生重有的已经在使用手持式记录仪和自动记录装置进行登记管理。

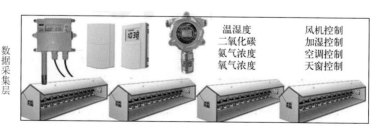

图4-15　养殖场舍内环境无线监控系统

开展场内测定的种猪场应配备比较稳定的专业技术人员，专业技术人员应经过专业技术培训，培训考试合格并取得家畜繁殖员从业资格证后方可上岗。

图4-16 母猪产床

图4-17 高效空气过滤系统

图4-18 降温湿帘

4. 中心测定流程

（1）生长性能测定

① 测定前的准备。

【标准原文】

4.3.1 生长性能测定

4.3.1.1 测定前的准备工作如下：

a) 清洗消毒测定栏舍；

b) 维护保养测定舍的环境调控设施和测定设备；

c) 清查测定所需的器具，包括猪群转运车、防疫消毒工具、栏舍清扫工具、兽医诊疗器材等；

d) 备齐测定所需的耗材，包括饲料、兽药、疫苗、防疫消毒药剂等。

【内容解读】

开展集中测定前应做到有备无患，准备工作包括：清洗消毒猪舍（图4-19），检修与检定空栏、设备设施，准备防疫用消毒液和消毒机（图4-20）、猪群转运车（图4-21），以及饲料、兽药、疫苗、防疫消毒药剂等物品。

图4-19 栏舍清洗消毒

图4-20 消毒机及消毒液

图4-21 猪群转运车

② 猪群交接流程。

【标准原文】

4.3.1.2 猪群交接流程如下：
a) 对猪群运载车辆进行消毒；
b) 查验检疫证、品种品系来源、系谱档案、免疫情况和健康检验检测报告等材料，查看猪群；
c) 称量体重并记录之，核查其系谱档案；
d) 佩戴测定个体的唯一性标识，送入隔离舍；
e) 填写种猪性能测定的委托单或抽样单。

【内容解读】

种猪收测前，应做好猪群交接工作，执行三级防疫消毒制度，每级防疫消毒点之间的间隔为 500 m 以上，并提前制定收猪路线（图 4 - 22）。当运送测定猪的车辆（送测车）到达一级洗消点时，应及时对车辆进行防疫消毒，重点为车轮、驾驶门、后车门等（图 4 - 23）。防疫消毒时，送测车司机应在车内等待不下车，如有下

图 4 - 22　收猪路线

车必要时，应按规定穿好防护服、防护鞋、戴好一次性手套后方可下车。当送测车辆到达二级洗消点后，将送测车与转运平台相连通，将运送的测定猪只转到转运平台中，送测车驶离转运平台，而后，将送测猪转运到转运车上运送至三级洗消点。当转运车达到三级洗消点后立即对其进行防疫消毒，而后逐头称量送测猪体重（图4-24），并记录。凡符合送测猪个体体重要求的猪只则转至隔离舍观察。猪只接收转运完毕，应对转运车辆与工具进行清洗并防疫消毒（图4-25）。收集随行附件材料，并填写测定委托单（图4-26）。

图4-23 送测车辆消毒

图4-24 送测猪称重

图4-25 转运车防疫消毒　　　图4-26 填写测定
委托单

③ 隔离观察。

【标准原文】

4.3.1.3 隔离观察如下：

a) 隔离观察10 d~15 d；

b) 按种猪场提交的免疫情况、健康检验检测报告进行疫苗补注，并抽血进行健康复查；

c) 自由采食、饮水，观察猪群采食、活动情况，发现异常个体应及时对症治疗；

d) 对隔离栏舍进行定期或不定期防疫消毒；

e) 如发现传染病，则应按《动物防疫法》的相关规定进行处置。

【内容解读】

送测猪运至隔离观察舍（图4-27）后，隔离饲养观察10 d~15 d（图4-28）。如果观察一周无异常，应根据各场免疫情况补注疫苗并驱虫，调理猪群胃肠道，使其适应新环境与饲养条件。隔离观察期间，饲养员不得进入栏圈，不清扫栏圈，避免交叉污染。待隔离期满后，根据要求转入测定猪舍。

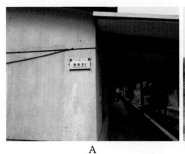 

A   B

图 4 - 27　隔离观察舍布局

A. 隔离观察舍外走廊　B. 隔离观察布局图

图 4 - 28　隔离观察栏

④ 预试工作。

【标准原文】

4.3.1.4　预试工作如下：

a)　开启自动饲喂测定设备，确认设备运行正常，将测定前期料装入料斗内；

b) 将确认健康的猪只转入测定舍；

c) 打开自动饲喂测定设备的软件，按照软件窗口的提示，输入测定猪只的耳标识别牌号和 ID 号；

d) 查看日采食量，若日采食量到达或接近正常水平，则称量开测体重并记录之。

【内容解读】

预试主要工作是训练，当测定猪群从隔离观察舍转入性能测定舍（图 4 - 29）后，训练随即开始。为确保每一头猪都能顺利进入自动饲喂测定系统内采食，应将自动饲喂测定系统进出口的门打开，并保持常开状态或采用训练模式（部分测定站具备此功能），而后引导每一头猪进入并观察其采食情况，直至每一头测定猪都能主动进入并正常采食。预试期一般为 3 d。

A   B

图 4 - 29 性能测定舍
A. 性能测定舍外观 B. 性能测定舍内

⑤测定流程。

【标准原文】

4.3.1.5 测定流程如下：

a) 将测定猪群的日采食情况传入设备软件指定的文件夹中，

每天至少传 1 次；

b) 查看自动饲喂测定设备的运行情况，每天至少 2 次，发现异常应及时排除；

c) 每天应打开设备软件，查看猪只的采食情况，发现某一个体无采食记录，则应查看该个体的耳标识别牌，如果异常则应及时更换；并对日采食量降低 20％的猪只加强观察，发现异常应及时处理；

d) 清洁栏舍，适时换料，适时结测；

e) 测定期内，应观察猪群健康状况，对发病个体治疗 7 d 内未康复且采食不正常，应淘汰；

f) 结测时，如果称量猪只的体重小于 85 kg，且该个体的日龄已达 180 d，应淘汰。

【内容解读】

为保障猪群采食数据的完整性，以防采食数据丢失，测定员应将测定猪群的日采食情况传入自动饲喂测定系统专用软件指定的文件夹中，每天至少传 1 次。测定数据传输完毕，应打开设备软件，查看猪群的采食情况，并对日采食量降低 20％的个体加强观察。如果发现异常，应及时处理。如果发现传入数据中某一个体没有采食记录，则应记录该个体耳标识别牌号，并到栏圈内查看该个体的耳标识别牌是否损坏或掉落。如果发现耳标识别牌损坏或掉落，则应及时更换。更换耳标识别牌后，应及时在测定系统专用软件进行更正。

为保障整个测定期内自动饲喂测定设备能够正常有效运行，防患于未然，测定员应每日查看设备运行情况不少于 2 次，做到小问题（故障）及时发现、及时排除；较大问题（故障）及时维修，并将故障现象及维修情况记录在案，而后依据维修情况评判是否需要对其开展期间核查或邀请第三方计量机构重新检定。

日采食量可反映猪群的健康状况。因此，测定员每日清晨（栏舍清洗前）认真查看栏舍内猪群的排泄物和猪群活动状态，如发现有腹泻、精神萎靡等异常情况，应及时记录在案；而后在测定系统的软件中查看每一头猪的日采食量数据，如某一头猪的日采食量下降，则应结合其排泄物、活动状态、临床症状等判定该个体的健康状态，并进行对症治疗。如果发病个体治疗 7 d 仍未康复，且采食量不正常，则应结束测定，并淘汰该个体。

图 4 - 30　称量结测体重并测量眼肌面积

饲养员应每日清洁栏舍，确保栏舍干净，定期消毒，避免疾病在舍内传播。做好每日猪栏巡检工作，及时查看猪采食情况，猪只体重达到 100 kg 左右时（可根据各品种目标体重决定）结束测定（图 4 - 30）。如测定个体已不能满足品种标准规定的质量要求，则应结束测定并淘汰。例如，测定的长白猪种猪个体已达到 180 d，但其体重仍不足85 kg，表明该测定个体为不合格种猪，应结束测定并淘汰。

（2）胴体性状与肉质性状测定

【标准原文】

4.3.2　胴体性状与肉质性状测定

按 NY/T 825 的规定屠宰，测定其胴体性状；按 NY/T 821 的规定取样，测定其肉质性状。

【内容解读】

按《瘦肉型猪胴体性状测定技术规范》（NY/T 825—2004）的规定屠宰，并全项测定胴体性状；肉质性状按《猪肉品质测定技术规程》（NY/T 821—2019）的规定，在左半胴体规定部位取样，送入实验室进行全项测定。胴体性状测定解读见第 4 章《瘦肉型猪胴体性状测定技术规范》（NY/T 825—2004）的内容；肉质性状测定解读见第 4 章《猪肉品质测定技术规程》（NY/T 821—2019）的内容。

5. 场内测定流程

【标准原文】

4.4　场内测定流程

4.4.1　生长性能测定

4.4.1.1　测定前的准备工作同 4.3.1.1。

4.4.1.2　猪只交接时，应核查系谱档案与个体健康情况。

4.4.1.3　称量开测体重并记录。

4.4.1.4　测定期内，应清洁栏舍，适时换料，适时结测。

4.4.1.5　测定期内，应观察猪群健康状况，对发病个体治疗 7 d 内未康复，且采食不正常应淘汰。

4.4.1.6　结测时，如果称量猪只的体重小于 85 kg，且该个体的日龄已达 180 d，应淘汰。

4.4.2　繁殖性能测定

4.4.2.1　实时记录母猪的发情、配种、妊娠等情况。

4.4.2.2　对产房进行清洁消毒，将待产母猪转入产房。

4.4.2.3　按 5.2 的规定进行繁殖性能的记录与测定。

【内容解读】

场内测定不涉及猪只交接、隔离观察以及预试训练的流程。生长性能测定流程中没有测定场所的前期准备工作，其他测定流程与中心测定要求一样，相关解读见第 4 章第一节中心测定中生长性能测定要求的内容。

场内测定除生长性能测定以外，还包括繁殖性能测定，其主要流程是：①根据生产实际情况，对母猪进行发情鉴定，查询本场的系谱资料与育种方案，确定与配公猪。适时输精配种，并做详细的过程记录，包括与配公猪、配种时间、预产期、输精量、配种次数等。②在妊娠母猪转入产房前一周，开展产房清洗消毒工作。当母猪妊娠约 107 d 时，将妊娠母猪转入清洁消毒后的产房，根据饲养管理流程做好产前管理工作。③母猪分娩当日，记录母猪产仔数、产仔日期、胎次、仔猪初生重等信息。母猪断奶当日，记录断奶仔猪数、断奶日期、断奶窝重等信息。④根据以上统计信息，计算哺育率等指标。

6. 生产性能

(1) 达目标体重日龄、测定期日增重

【标准原文】

6.1.1　达目标体重日龄

6.1.1.1　记录待测猪只的出生日期。

6.1.1.2　将测定个体赶入笼秤内，按设备操作说明称量并记录。

6.1.1.3　以目标体重 100 kg 为例，按式（1）计算达目标体重日龄，按 GB/T 8170 对计算结果进行修约，测定结果保留 1 位小数。

$$AGE = S_1 + (W_T - W_1) \times \frac{S_1 - A}{W_1} \quad \cdots\cdots\cdots\cdots \quad (1)$$

式中：

AGE——达 100 kg 体重日龄，单位为天（d）；

S_1——从出生到称量当天的自然天数，单位为天（d）；

W_T——目标体重，单位为千克（kg）；

W_1——结测当天称量的实际体重，单位为千克（kg）；

A——校正参数，目标体重为 100 kg 的校正参数见表 1。

表 1　目标体重为 100 kg 的校正参数

品种	公猪	母猪
大白猪	50.775	46.415
长白猪	48.441	51.014
杜洛克猪	55.289	49.361

6.1.2 测定期日增重

6.1.2.1 记录待测猪只的出生日期。

6.1.2.2 将待测定猪只赶入笼秤内,按设备操作说明称量并记录。

6.1.2.3 按式(2)计算达 30 kg 体重日龄,按 GB/T 8170 对计算结果进行修约,测定结果保留 1 位小数。

$$AGE_{30} = S + [30 - W] \times b \cdots\cdots\cdots\cdots (2)$$

式中:

AGE_{30}——达 30 kg 体重日龄,单位为天(d);

S——从出生到开测当天的自然天数,单位为天(d);

30——设定的开测体重,单位为千克(kg);

W——开测当天称量的实际重量,单位为千克(kg);

b——校正参数,其中,杜洛克猪为 1.536,长白猪为 1.565,大白猪为 1.550。

6.1.2.4 按式(3)计算测定期日增重,测定结果保留 1 位小数(修约规则同 6.1.1.3)。

$$ADG = \frac{70 \times 1\,000}{(AGE - AGE_{30})} \cdots\cdots\cdots\cdots (3)$$

式中:

ADG——测定期日增重,单位为克(g);

70——目标体重(100 kg)与开测体重(30 kg)之差,单位为千克(kg);

1 000——计量单位由千克换算为克。

【内容解读】

达目标体重日龄和测定期日增重为计算值,是依据猪只出生日期、结束测定日龄、实际体重和目标体重等参数按照品种规定的公式进行计算得到的。其中,体重称量是计算达目标体重日龄的基础。因此,选择科学准确的猪个体专用笼秤是关键。目前,测定站或育种场主要使用电子笼秤或机械电子笼秤,精度要求为 0.1 kg。可选择带有保定功能的电子笼秤。在完成称量的同时完成测膘等工作，以提高工作效率。部分育种场是分两段进行的，先测膘后称重或者先称重后测膘。测定员应科学使用笼秤，避免使用不当而造成数据错误和设备损坏问题。

其中，活体重不仅与猪只的日增重有关，还与饲料转化率、活体背膘厚和达目标体重日龄密切相关。因此，其数据准确性至关重要。为避免因采食差异造成的体重误差，猪只称重前应空腹 12 h，活体重称量实操步骤见下文。

【实际操作】

活体重称量实操步骤如下。

① 开机前的准备。按照测定笼秤使用说明书的要求，认真检查仪器外观是否洁净完好、各操作开关是否正常等。如发现有异常现象，应及时修复。测量笼秤尽量放置平稳，以保障称量的准确性和设备安全。

② 标定或校准。当设备长期不使用，某种操作导致内笼重量发生变化以及发现称量不准确的情况下，应按照使用说明书进行标定（校准）。校准后应使用标准砝码（图 4-31）进行检定（图 4-32），

图 4-31 标准砝码

图 4-32 用标准砝码检定笼秤

直至符合要求方可进行下一步操作。如果使用人无法检定仪器的准确性，应返厂或请有关专业的工程师进行以上工作。

③ 称量操作。开机，仪表自动进行检测初始化，并自动清零进入称量状态，一般需要开机预热 5 min 以上。预热后检查仪表显示是否为零，不为零则需要在稳定灯亮后按下"置零"键清零，每次称量一头种猪后需要检查是否为零。在称量状态中，确保每头猪进入笼秤后才开始读取数据，部分笼秤具有动态称重的冻结功能，可获得稳定的读数，部分设备不具备冻结功能则需要观察仪器的稳定指示灯或信号亮起后，方可读取数据，及时准确记录猪只的体重。

④ 称量后的操作。关机前应检查笼秤是否回零，确认回零后方可关机，并切断电源。清洁仪器，将检测时使用的东西归还原位，保持笼秤整洁干净，对传感器和表头部分应避免冲洗和带电插拔等操作，以免损坏。按要求填写仪器设备使用记录。

(2) 目标体重背膘厚、目标体重眼肌面积

【标准原文】

6.1.3 目标体重背膘厚

6.1.3.1 结测体重：同 6.1.1.2。

6.1.3.2 活体背膘厚按照 NY/T 2894 的规定进行测定。

6.1.3.3 以目标体重 100 kg 为例，按式（4）计算，测定结果保留 1 位小数（修约规则同 6.1.1.3）。

$$FAT = BF + (W_T - W_1) \times \frac{BF}{W_1 - B} \quad \cdots\cdots\cdots\cdots (4)$$

式中：

FAT——目标体重背膘厚，单位为毫米（mm）；

BF——活体背膘厚的实际测量值，为单位毫米（mm）；

W_T——目标体重，单位为千克（kg）；

B——校正参数，目标体重为 100 kg 的校正参数见表 2。

表 2　目标体重为 100 kg 的校正参数

品种	公猪	母猪
大白猪	−7.277	−9.440
长白猪	−5.623	−3.315
杜洛克猪	−6.240	−4.481

6.1.4　目标体重眼肌面积

6.1.4.1　结测体重同 6.1.1.2。

6.1.4.2　活体眼肌面积按照 NY/T 2894 的规定进行测定。

6.1.4.3　以目标体重 100 kg 为例，按式（5）计算，测定结果保留 2 位小数（修约规则 6.1.1.3）。

$$LEA = M + (W_T - W_1) \times \frac{TFI}{M + 155} \quad \cdots\cdots\cdots\cdots (5)$$

式中：

LEA——目标体重眼肌面积，单位为平方厘米（cm^2）；

M——活体眼肌面积的实际测量值，单位为平方厘米（cm^2）；

W_T——目标体重，单位为千克（kg）；

155——目标体重为 100 kg 的校正参数。

【内容解读】

目标体重背膘厚、目标体重眼肌面积均采用 B 型超声波仪进行测量。其解读见第 4 章《猪活体背膘厚和眼肌面积的测定　B 型超声波法》的内容。

（3）饲料转化率

【标准原文】

6.1.5　饲料转化率

6.1.5.1　从自动饲喂设备的软件中导出开测当天至结测当天的饲料消耗总量。

6.1.5.2　按式（6）计算，测定结果保留 2 位小数（修约规则见 6.1.1.3）。

$$FCR = \frac{\sum TFI}{(W_1 - W)} \quad \cdots\cdots\cdots\cdots\cdots\cdots \quad (6)$$

式中：

FCR——饲料转化率，单位为千克每千克（kg/kg）；

TFI——测定期饲料消耗总量，单位为千克（kg）。

【内容解读】

饲料转化率是指测定期内总饲料消耗量与总增重的比值。总饲料消耗量是通过自动饲喂系统采集得到的，总增重是测定结束种猪活体重与入试时种猪活体重的差值。饲料转化率作为育种目标之一，其高低与猪场的经济效益密切相关。饲料转化率越低，产肉量越高，其经济价值越大。在饲料消耗量实际测定当中，自动饲喂系统的正常维护以及校正是关键，应预估可能产生的错误并在对数据进行观测的基础上及时发现并排除问题。在具体工作当中，需做好电子耳标有效性的排查，在避免发生错记、漏记事件的情况下，在一定周期中做好相关数据的备份，避免因操作失误导致数据丢失等问题的发生。使用结束后，做好仪器设备电子元件部分的保护以及清理维护工作也十分关键，这也是确保测量设备完好性和测量数据准确性的重要措施。

7. 繁殖性状

【标准原文】

6.2.1　总产仔数、产活仔数、初生重等性状按照 NY/T 820 的规定执行。

6.2.2　断奶重：断奶时，将待断奶的仔猪放入笼秤，称量并记录称量结果。

6.2.3　断奶仔猪数：断奶时，清点同窝的仔猪头数，含寄养的仔猪。

【内容解读】

场内繁殖性能测定性状有总产仔数、产活仔数、断奶仔猪数、初生重、断奶重等。其中，总产仔数、产活仔数、断奶仔猪数等计数性状采用现场登记方式进行，初生重、断奶重等称量性状则采用称重方式进行。

（1）**总产仔数** 统计出生时同窝的仔猪总数，包括死胎、木乃伊胎和畸形胎在内，单位为头/窝。

（2）**产活仔数** 统计出生时同窝存活的仔猪数，包括衰弱即将死亡的仔猪在内，单位为头/窝。应在母猪分娩完毕后到产房进行现场计数，并记录。

（3）**断奶仔猪数** 统计断奶时同窝的仔猪头数，含寄养的仔猪数，单位为头/窝。不同品种断奶时间不一样，一般引进品种与培育品种为 21 d～35 d、地方品种为 28 d 以上。

（4）**初生重** 逐一称量出生后 12 h 内活体仔猪个体重，并记录，单位为 kg。全窝存活仔猪个体重之和为初生窝重，单位为 kg/窝。

（5）**断奶重** 逐一称量待断奶仔猪个体重，并记录，单位为 kg。全窝断奶仔猪个体重之和为断奶窝重，单位为 kg/窝。

8. 胴体性状、肉质性状

【标准原文】

6.3 胴体性状
按照 NY/T 825 的规定执行。
6.4 肉质性状
按照 NY/T 821 的规定执行。

【内容解读】

胴体性状和肉质性状由中心测定站完成，其中胴体性状测定项目包括宰前活重、胴体重、胴体长、平均背膘厚、眼肌面积、腿臀比例、胴体瘦肉率、屠宰率。这些项目按《瘦肉型猪胴体性状测定技术规范》（NY/T 825—2004）的规定进行测定，相关解读见第 4 章《瘦肉型猪胴体性状测定技术规范》（NY/T 825—2004）相应内容。肉质性状测定项目包括肉色、pH、滴水损失、系水力、大理石纹、肌内脂肪、水分和嫩度，肌肉品质按《猪肉品质测定技术规程》（NY/T 821—2019）的规定进行测定，相关解读见第 4 章《猪肉品质测定技术规程》相应的内容。

二、《瘦肉型猪胴体性状测定技术规范》（NY/T 825—2004）

1. 术语和定义

（1）宰前活重

【标准原文】

2.1
宰前活重 live weight at slaughter
猪在屠宰前空腹 24 h 的体重。

【内容解读】

宰前活重是在屠宰前待宰猪只空腹 24 h 称量的个体活重（图 4 - 33）。宰前活重与屠宰率（出肉率）呈正相关（宰前活重越大则屠宰率越高），而与胴体瘦肉率呈高度负相关（宰前活重越大则瘦肉率越低），这是由猪的生长发育规律所决定的。研究资料表明，商品猪在 92 kg～95 kg 阶段屠宰瘦肉率比 95.5 kg～109 kg 高，107 kg～109 kg 阶段屠宰肌肉品质优良，肉色、大理石纹评分、肌内脂肪

图 4 - 33 称量宰前活重

含量较 92 kg~106 kg 高。因此，在以生长速度和瘦肉率为生产目标的情况下，规定一个适宜的屠宰活重，是衡量和比较不同品种在同一体重条件下胴体性能差异的需要。待宰猪屠宰前空腹 24 h，是为了保障猪只能够将消化道内的残留物排出体外，降低应激导致粪便排泄污染屠宰区域的风险，避免对屠宰率（胴体重/宰前活重）的影响。综上，屠宰活重瘦肉型猪控制在 95 kg~105 kg 较为适宜，地方品种（脂肪型猪）则应偏小一点。

（2）胴体重

【标准原文】

2.2

胴体重　weight of carcass

猪在放血、煺毛屠宰后，去掉头、蹄、尾和内脏（保留板油、肾脏）的两边胴体总重量。

【内容解读】

胴体重是剔除头、蹄、尾和内脏，保留板油、肾脏后称量的躯体重量。通常情况下，应在专用操作台上（自动屠宰线除外）去除头、蹄、尾，而后将屠体倒吊起来开膛去内脏（沿腹白线切开腹腔和胸腔，摘除胸腔和腹腔的内脏，保留板油和肾脏），而后劈边（沿背中线将胴体劈成左右两半），用电子磅秤或轨道秤称量其重量即为胴体重。胴体重可分为热胴体重（宰后 45 min 称量的重量）和冷胴体重（宰后 24 h 称量的重量）。而欧美定义的胴体重与我国定义的胴体重内涵不同，欧美定义的胴体重是摘除内脏，保留头、蹄、尾、肾脏和板油后称量的重量。胴体重与屠宰率的计算密切相关。

屠宰率是胴体重占宰前活重的百分比，又称净肉率、出肉率，是一个具有重要经济价值的指标。其计算公式为：屠宰率＝（胴体重/宰前活重）×100%。

（3）眼肌面积

【标准原文】

2.6

眼肌面积　loin eye area

胴体最后肋处背最长肌的横断面面积。

【内容解读】

眼肌是背最长肌的俗称，因背最长肌的横断面形似眼睛而得名。眼肌面积指在左半胴体倒数第一和第二胸腰椎间背最长肌横断面上测量的面积，是猪的选育性状之一，与瘦肉率呈显著正相关。因此，眼肌面积成为估计活体瘦肉量的依据。

2. 测定方法

（1）宰前活重

【标准原文】

4.1　宰前活重

宰前空腹 24 h 用磅秤称取，单位为千克（kg）。

【内容解读】

屠宰前将待宰猪转运至屠宰点，空腹 24 h，空腹期间断食但应供给充足的饮水，并避免打斗和剧烈的应激。用磅秤称量猪只的体重。

宰前活重与运输前是否饲喂、空腹时间有关，要求宰前空腹 24 h 旨在控制胃肠道内容物排出的一致性，24 h 内猪可以在此阶段将胃肠道内容物排除干净，避免胃肠道内容物残留对屠宰胴体的污染，也提升了宰前活重的准确度。

宰前活重与胴体重呈显著正相关，与胴体瘦肉率呈显著负相关，且屠宰活重对猪的大理石纹、肌肉颜色 a 值和 b 值有显著影响。在 70 kg~100 kg 阶段，随着屠宰体重的增加，其肌肉颜色评分具有升高的趋势，而 pH、L 值和大理石纹评分具有降低的趋势，b 值显著降低；屠宰活重增加到 100 kg~140 kg，pH、肉色评分、失水率呈现先降低后升高的趋势，但差异不显著，b 值具有显著降低的趋势。

（2）胴体重

【标准原文】

4.2 胴体重

在猪放血、烫毛后，用磅秤称取去掉头、蹄、尾和内脏（保留板油、肾脏）的两边胴体重量，单位为千克。去头部位在耳根后缘及下颌第一条自然皱纹处，经枕寰关节垂直切下。前蹄的去蹄部位在腕掌关节，后蹄在跗关节。去尾部位在尾根紧贴肛门处。

【内容解读】

猪屠宰方式分为电击昏后屠宰、不击昏直接屠宰、CO_2 击昏屠宰 3 种类型。屠宰后的胴体重的称量应采用 ±0.1 kg 的电子磅秤或轨道秤。

热胴体重和产肉量决定了猪胴体的商业价值。欧美胴体分级的依据是胴体重和瘦肉率，我国胴体分级的依据是胴体重和胴体外观。

欧盟：实行统一的猪胴体分级标准，主要依据是胴体瘦肉率和胴体重。其具体操作参照欧盟委员会第 3220/84 号文件，将猪胴体按照不同的瘦肉率分为以下几个等级（表 4-1）。

表 4-1 欧盟猪胴体等级标准

胴体等级	胴体瘦肉率（%）
S	＞60
E	55.0~59.9

（续）

胴体等级	胴体瘦肉率（%）
U	50.0~54.9
R	45.0~49.9
O	40.0~44.9
P	<40.0

美国：将猪胴体分成 U.S.1 级、U.S.2 级、U.S.3 级、U.S.4 级和 U.S. 实用级 5 个等级。通过质量等级和产量等级对胴体进行评价。猪胴体质量等级分值见表 4-2。

表 4-2　美国猪胴体质量等级分值

分值	颜色	硬度/湿度	大理石花纹
1	浅灰色	很软，汁液渗出严重	没有至几乎没有
2	浅红色	软，有水渗出	稀量至微量
3	鲜红色	微硬，湿润	少量至中等
4	紫红色	硬，较干燥	多量至较丰富
5	暗褐色	很硬，干燥	丰富

根据四个优质切块占冷胴体重的比值确定胴体的产量等级：U.S.1 级、U.S.2 级、U.S.3 级和 U.S.4 级理论产率（冷胴体重计）与产量级的关系见表 4-3（如果按热胴体重计算，产率应降低 1 个百分点）。

表 4-3　美国瘦肉率等级（以冷胴体重计）

等级	胴体瘦肉率（%）
U.S.1	>60.4
U.S.2	57.4~60.3
U.S.3	54.4~57.3
U.S.4	<54.4

中国：根据我国发布的《瘦肉型猪肉质量分级》(GB/T 42069—2022)的要求，胴体等级评定以胴体重量等级为主，结合胴体外观等级进行适当调整。胴体外观等级为 A 级时，胴体等级以重量等级为准；胴体外观等级为 B 级时，胴体等级以重量等级为基准下调一个级别；胴体外观等级为 C 级时，胴体等级以重量等级为基准下调两个级别。胴体等级共分为 6 级，分别是一级、二级、三级、四级、五级、六级，六级以下为等外。胴体等级评定见表 4-4。

表 4-4　胴体等级评定

胴体重量等级	胴体外观等级		
	A 级	B 级	C 级
一级	一级	二级	三级
二级	二级	三级	四级
三级	三级	四级	五级
四级	四级	五级	六级
五级	五级	六级	等外
六级	六级	等外	等外

GB/T 42069—2022 同时给出：胴体重量以胴体重（带皮或去皮）和背膘厚度为基础，将胴体重量等级分为一级、二级、三级、四级、五级、六级，六级以下为等外，分级要求见表 4-5。

表 4-5　胴体重量等级

背膘厚度 （cm）	胴体重（kg）		
	66～102（带皮） 或 61～97（去皮）	＞102（带皮） 或＞97（去皮）	＜66（带皮） 或＜61（去皮）
≤2.0	一级	二级	五级
2.1～3.0	二级	三级	六级
3.1～4.0	三级	四级	等外

（续）

背膘厚度	胴体重（kg）		
（cm）	66～102（带皮） 或61～97（去皮）	>102（带皮） 或>97（去皮）	<66（带皮） 或<61（去皮）
4.1～5.0	四级	五级	等外
>5.0	五级	六级	等外

GB/T 42069—2022 同时还给出：以胴体外观为基础，将胴体外观等级分为 A 级、B 级、C 级共 3 个级别，分级要求见表 4-6。

表 4-6　胴体外观等级

项目	A 级	B 级	C 级
胴体外观	体型匀称，臀部肌肉饱满，表皮洁净光亮，修割整齐	体型匀称，表皮洁净光亮，有轻微伤痕或面积不大于 30 cm² 的密集毛根	表皮有明显伤痕、印迹，有骨折，有面积大于 30 cm² 且小于 64 cm² 的密集毛根

【实际操作】

测定要点：胴体称量应独立悬挂，结果保留 1 位小数。左边胴体用于后续肌肉品质性状的评定，以及眼肌面积、皮率、骨率、瘦肉率、肥肉率等胴体性状的测量；右边胴体用于其他胴体性状（平均背膘厚、皮厚和胴体长等）测量。

每头猪的屠宰间隔应控制在 30 min 左右，以保障肉质检测结果的正确有效。烫毛水温以 63 ℃ 左右为宜，皮厚者可至 65 ℃，烫毛时间宜控制在 1 min～2 min 以内。放血、烫毛后，在耳根后缘及下颌第一条自然皱纹处，经枕寰关节垂直切下去掉头；在腕掌关节部位去掉前蹄，跗关节部位去掉后蹄；在尾根紧贴肛门处去掉尾部；刨毛、去头尾和蹄后用自来水冲凉胴体，开膛去内脏后沿背中线切开、劈边，再用自来水冲凉胴体；沿背中线切开背部后用电锯或砍刀沿脊柱将胴体劈分为左右两半，一般要求左右两半重量差小于 1 kg。用磅秤或轨道秤称取去掉、蹄、尾和内脏（保留板油、肾脏）的两边胴体重量之和，记录为胴体重（图 4 - 34）。

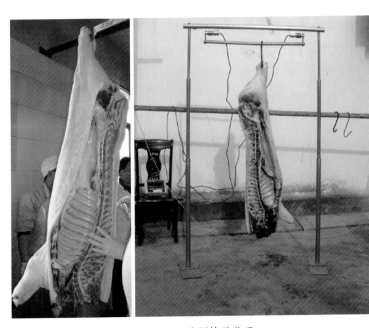

图 4 - 34　猪胴体及称重

（3）平均背膘厚

【标准原文】

4.3　平均背膘厚

将右边胴体倒挂，用游标卡尺测量胴体背中线肩部最厚处、最后肋、腰荐结合处三点的脂肪厚度，以平均值表示，单位为毫米（mm）。

【内容解读】

平均背膘厚是指皮下脂肪的厚度（不含皮厚），是反映整个胴体背膘厚的指标。平均背膘厚不同于在胴体第 6 至第 7 肋处测量的背膘厚，更不同于在活体上用超声仪测量的背膘厚（含皮），它是在前（肩部最厚处）、中（最后肋骨处）、后（腰荐结合处）三点测量的脂肪厚度的平均值。

【实际操作】

测定时要点：部位准确，三点平均，测量垂直皮肤，不含皮。

图 4 - 35　肩部最厚处

将左边（实际操作中为左侧）胴体倒挂，用游标卡尺测量胴体背中线肩部最厚处（图 4 - 35）、最后肋骨处（图 4 - 36）、腰荐结合处（图 4 - 37）三点的脂肪厚度，记录值保留小数点后 2 位，取平均值记录为平均背膘厚，记录值保留至小数点后 1 位。

图 4 - 36　最后肋骨处

图 4 - 37　腰荐结合处

（4）皮厚

【标准原文】

4.4　皮厚

将右边胴体倒挂，用游标卡尺测量胴体背中线第 6 至第 7 肋处皮肤的厚度，单位为毫米（mm）。

【内容解读】

皮厚是区分不同猪品种的参考性指标。一般来说，我国地方猪种生长周期较长，皮厚较厚；而引入品种或培育品种因生长周期短，皮的厚度比地方猪种薄。

【实际操作】

测定时操作要点：垂直水平，零点校正（图4-38）。

将左边胴体倒挂（实际操作中为左侧），用游标卡尺测量胴体背中线第6至第7肋处皮肤的厚度，记录为皮厚，记录值保留至小数点后2位。

图4-38　皮厚测量

（5）眼肌面积

【标准原文】

4.5　眼肌面积

在左边胴体最后肋处垂直切断背最长肌，用硫酸纸覆盖于横截面上，用深色笔沿眼肌边缘描出轮廓，用求积仪求出面积，单位为平方厘米（cm²）。

【内容解读】

眼肌面积的测量方法有图像法、求积仪法、方格法、公式法和积分法等，本标准规定的测量方法为求积仪法。因本标准发布于2004年，随着科学技术的发展，求积仪渐渐淡出，而公式法和图像法（超声影像、数码相机照片）成为发展趋势。

【实际操作】

① 求积仪法。求积仪是一种测定图形面积的仪器，是一种利用光学或电子原理，将经过的点的坐标按级记录下来，再用坐标去计算长度，用坐标差求多边形面积公式求算面积的测量仪器（图4-39）。

图4-39 数字式求积仪（引自维库点子通）

操作步骤如下：在左边胴体最后肋处垂直切断背最长肌（横切面应平整），将硫酸纸覆盖于平整的眼肌横截面上，用深色笔沿眼肌外周边缘描绘出眼肌的轮廓；按照求积仪使用说明书完成仪器测量前准备工作后，将仪器摆放在待测量图形（用深色笔描绘的眼肌轮廓）近似中心线上，并确认仪器处于计数状态；将描点镜中心点对准待测量眼肌面积描绘图形的任意一点（起始点），顺时针移动描迹器，使其沿描绘的眼肌外周轮廓绕行，直到与起始点重合处，读取并记录测量显示值，结束测量。连续测量3次，用平均值表述测定结果。计算结果保留至小数点后2位，单位为cm²。

② 公式法。在左边胴体最后肋处，用刀垂直横断背最长肌（切面应平整），使其横断面完整地显露出来；而后用千分尺（游标卡尺）测量眼肌宽度，测量时，应使眼肌横断面保持其自然状态，

并尽可能使千分尺保持垂直水平（图4-40），记录值保留小数点后2位；再用游标卡尺测量眼肌高度，测量时，应使眼肌横断面保持其自然状态，并尽可能使千分尺保持垂直水平（图4-41），记录值保留小数点后2位；眼肌宽度和眼肌高度的乘积乘以0.7即为眼肌面积的结果，保留至小数点后2位。

测定要点：自然状态，垂直水平。

图4-40　眼肌宽度测量　　　　　图4-41　眼肌高度测量

(6) 胴体长

【标准原文】

4.6　胴体长

将右边胴体倒挂，用皮尺测量胴体耻骨联合前沿至第一颈椎前沿的直线长度，单位为厘米（cm）。

【内容解读】

胴体长与脊柱的椎骨数（颈椎、胸椎、腰椎、荐椎）、品种类型有关，是反映猪只产肉量的重要参考指标。一般情况下，胴体越长，产肉量越高，具有较高的遗传力和选择效应。

胴体长包括胴体直长（耻骨联合前缘至第一颈椎凹陷处的长度）和胴体斜长（耻骨联合前缘至第1肋骨与胸骨结合处的长度）。通常情况下，同一品种的胴体直长大于胴体斜长，瘦肉型猪的胴体直长和胴体斜长均大于脂肪型猪。本标准测定的胴体长为胴体直长。

【实际操作】

胴体长多采用软尺（皮尺、纤维尺等）进行测量。即将左侧胴体（实际操作中为左侧）倒挂于固定架上，将皮尺的 0 刻度处固定在耻骨联合前缘（起始点），而后向前延伸至第一颈椎的凹陷处（终止点），固定或标记好终止点，读取皮尺终止点的数字即为胴体长。连续测量 2 次，用平均值表述测定结果，保留小数点后1 位（图 4 - 42）。

图 4 - 42　胴体长测量

(7) 胴体剥离及皮率、骨率、肥肉率、瘦肉率的计算

【标准原文】

4.7　胴体剥离及皮率、骨率、肥肉率、瘦肉率的计算

将左边胴体皮、骨、肥肉、瘦肉剥离。剥离时，肌间脂肪算做瘦肉不另剔除，皮肌算作肥肉不另剔除，软骨和肌腱计做瘦肉，骨上的瘦肉应剥离干净。剥离过程中的损失应不高于2%。

将皮、骨、肥肉和瘦肉分别称重，按公式（3）、公式（4）、公式（5）、公式（6）分别计算皮率、骨率、肥肉率和瘦肉率。

$$皮率（\%）=\frac{皮重}{皮重+骨重+肥肉重+瘦肉重}\times100 \cdots\cdots（3）$$

$$骨率（\%）=\frac{骨重}{皮重+骨重+肥肉重+瘦肉重}\times100 \cdots\cdots（4）$$

$$肥肉率（\%）=\frac{肥肉重}{皮重+骨重+肥肉重+瘦肉重}\times100 \cdots\cdots（5）$$

$$瘦肉率（\%）=\frac{瘦肉重}{皮重＋骨重＋肥肉重＋瘦肉重}×100\cdots\cdots（6）$$

【内容解读】

　　将左胴体进行剥离，分为皮肤、骨骼、脂肪和肌肉4种组织并分别称重，然后分别计算皮肤、骨骼、脂肪和肌肉占4种组织合计重量的百分比，即为皮率、骨率、肥肉率和瘦肉率。剥离过程中所造成的组织损失，可以计算也可作为随机误差忽略不计。由此可见，剥离后各组织（皮、骨、肉、脂）所占胴体重百分比之和应为100%。如果过大（超过了101%）或过小（小于99%），则应及时查找原因并纠正。

　　我国瘦肉率计算方法与欧美不同。如前所述，我国瘦肉率计算公式是剥离的瘦肉重占剥离后皮骨肉脂重量之和的百分比，而欧美等国计算瘦肉率的公式是胴体完全剥离所获得的瘦肉量（不包括头部瘦肉）占整个胴体重（带有头、蹄、尾，见胴体重的解读）的百分比。因此，按照我国瘦肉率公式计算的瘦肉率往往比按照欧美等国瘦肉率公式计算的瘦肉率要高出3%～5%。

　　瘦肉率是衡量胴体品质优劣的主要指标，更是评判胴体商业价值的依据。通常情况下，瘦肉率越高，商业价值越大。因此，在以生产瘦肉型和消费猪瘦肉为主的市场背景下，提高瘦肉率已成为猪育种的主选目标性状之一。

【实际操作】

　　胴体剥离场所要求（图4-43）：一般要求紧邻屠宰场所，以50 m以内为佳；面积约30 m²，可以布置为胴体称量与测定、分躯与眼肌测量、前中后躯剥离、皮骨肉脂称量等5个工作区；每个工作区应配备1个工作平台，在称量区内应配备电源插座。

　　测定操作：按照国内胴体分割方法，前躯与中躯以第6至第7肋间为界垂直切下，后躯从倒数第一、第二腰椎处垂直切下，将左边胴体分为前、中、后3区（图4-44）。之后分别将各区的皮、

图4-43　胴体剥离场所

骨、肥肉、瘦肉剥离（图4-45），分别称量剥离后皮重、骨重、肥肉重、瘦肉重，并记录，结果保留至小数点后2位。

图4-44　左胴体前、中、后分区

图4-45　胴体皮、骨、肥肉、瘦肉剥离

三、《猪活体背膘厚和眼肌面积的测定　B 型超声波法》（NY/T 2894—2016）

1. 术语和定义

【标准原文】

3.1
活体背膘厚　back fat depth on living pig
按照规定的部位和方法测量的活体背部脂肪层（含皮层）扫描断面的深度，单位为毫米（mm）。

3.2
活体眼肌高度　loin muscle depth on living pig
按照规定的部位和方法测量的活体背最长肌扫描断面的深度（含表层筋膜），单位为毫米（mm）。

3.3
活体眼肌面积　loin muscle area on living pig
按照规定的部位和方法测量的活体背最长肌扫描横断面的面积（含表层筋膜），单位为平方厘米（cm²）。

【内容解读】

活体背膘厚的测定部位是猪倒数第 3 至第 4 肋距背中线 5 cm 处的活体背部脂肪层（含皮层）扫描断面的深度，活体眼肌高度的测定部位是猪倒数第 3 至第 4 肋距背中线 5 cm 处的活体背最长肌扫描断面的深度（含表层筋膜），活体眼肌面积的测定部位是猪倒数第 3 至第 4 肋距背中线 5 cm 处的活体背最长肌扫描横断面的面积（含表层筋膜），采用 B 型超声波法测量。

猪的活体背膘厚与胴体瘦肉率呈高度遗传相关，且具有较高的遗传力（$h^2 = 0.5$）。因此，育种上都把活体背膘厚作为主选性状。通过活体测膘来间接估测瘦肉率，避免屠宰测定的繁重劳动，减少因杀猪而带来的经济损失。活体眼肌高度和眼肌面积作为主选性状，有助于提升选种的准确度。

2. 测定方法与操作步骤

(1) 平行法

【标准原文】

5.2 平行法

5.2.1 耦合剂涂抹

受测猪保定后，由左侧胸腰结合部，距背中线 5 cm 处向肩部涂抹，长度约 15 cm。

5.2.2 影响获取

将探头置于涂有耦合剂的测定部位，使探头距背中线 5 cm，并保持与背中线平行、密合，且垂直于皮肤，参见图 A.1。边向肩部移动探头边观察 B 超显示的影像，直至倒数第 1 根至第 4 根肋骨均清晰可见（自上而下分别是皮肤脂肪层、筋膜与眼肌层、肋骨）时，冻结影像，参见图 A.2。

 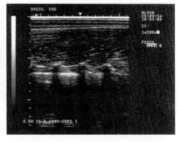

图 A.1 测定部位   图 A.2 实测的超声影像

5.2.3 信息输入

输入品种代码、个体号、影像号等信息。

5.2.4 测量起止点确定

5.2.4.1 活体背膘厚测量起止点位于影像中垂直于倒数第 3

根至第4根肋骨之间的纵线上，起点是皮肤层上缘与耦合剂形成的灰线，止点是眼肌上缘筋膜层形成的白色亮带中间点，参见图A.3。

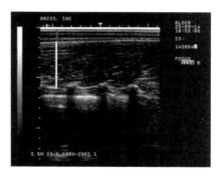

图A.3　测量起止点

5.2.4.2　活体眼肌高度测量起止点位于影像中垂直于倒数第3根至第4根肋骨之间的纵线上，起点是活体背膘测量的止点，止点是眼肌下缘筋膜层形成的白色亮带中间点，参见图A.3。

5.2.5　测量

5.2.5.1　活体背膘厚测量

按照设备操作指南选取"距离测量"功能，弹出测量光标。将光标平移至活体背膘厚测量的起点，按测量键，将光标由起点垂直向下至止点，显示值即为受测猪的活体背膘厚，参见图A.3。

5.2.5.2　活体眼肌高度测量

按照设备操作指南选取"距离测量"功能，弹出测量光标。将光标定位在活体眼肌高度的测量起点，按测量键，将光标由起点垂直向下至止点，显示值即为受测猪的活体眼肌高度，参见图A.3。

5.2.6　影像保存

测量完毕，保存所测量的影像。

【内容解读】

采用平行法测量活体背膘厚和眼肌高度，主要包括测定期的准备、测定部位的确定（猪只左侧倒数第 3 至第 4 肋距背中线 5 cm 处）、测定（涂耦合剂、获取影像、输入信息、确定测量起止点、测量与记录、保存影像）3 个步骤。

【实际操作】

① 测定前的准备。仪器预热、猪只称重、猪只保定（如需要）。

② 测定部位的确定。测定部位直接影响着背膘厚、眼肌深（高）度和眼肌面积的测定结果，正确的测定部位是保障测定结果正确可靠的关键。因为猪的背膘由前向后是鬐甲处最厚，而后逐渐变薄；由上向下是背中线处最厚，而后逐渐变薄；眼肌则是前端较小后端较大、前端较圆、后端渐成不规则的椭圆形或近似菱形。左半胴体倒数第 3 至第 4 肋骨截断面见图 4 - 46。

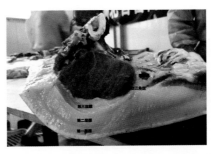

图 4 - 46　左半胴体倒数第 3 至第 4 肋骨截断面

a. 体表定位指根据脊柱数来确定倒数第 3 至第 4 肋骨的体表位置。猪胸椎、腰椎和荐椎之和是 24（14＋6＋4）～28（17＋7＋4），倒数第 3 至第 4 肋骨就是倒数第 13 个至第 14 个椎骨（4 个荐椎、6 个～7 个腰椎和后 3 个胸椎）或顺数第 11 至第 14 胸椎处。从体表上看，这个部位大致在背腰部的 1/2 处。

b. 探头验证指利用探头平行于背中线所获取的影像来确定测定部位。将探头置于最后肋骨距背中线 5 cm 处，在保持与距背中线 5 cm 且与背中线平行的状态下，边向前移动探头、边观察 B 超影像。当皮肤脂肪层、眼肌纤维和4个肋骨弓清晰可见时，通过按压体表来确定倒数第3至第4肋骨处。测定部位直接影响着背膘厚、眼肌高（深）度和眼肌面积的测定结果，正确的测定部位是保障测定结果正确可靠的关键。因为，猪的背膘由前向后是鬐甲处最厚，而后逐渐变薄；由上向下是背中线处最厚，而后逐渐变薄；眼肌则是前端较小后端较大，前端较圆、后端渐成不规则的椭圆形或近似菱形，见图4-47。

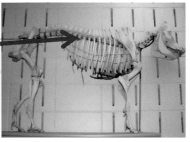

图4-47 猪站姿与部位的确定

③ 获取超声影像。测定部位确认并核验无误后，将B超测定探头放置于确认好的、涂有超声耦合剂的测定部位上，使其距背中线5cm，并与背中线保持平行状态，边左右轻轻摆动探头边观察超声影像。当超声影像中能够清晰地看到层次分明的皮肤、三层背膘和眼肌的肌纤维时，冻结该影像。注意：测量时，受测猪的背腰部应保持平直状态，且探头与猪体表保持密合，按压力度适中；当猪只剧烈运动时，不宜获取影像。

④ 影像判定。当获取的超声影像冻结后，撤离测定探头，仔细观察所获取的超声影像，并评判所获取的超声影像是否符合要求。高质量的影像应具备的条件是：设备参数设置适当，特别是增益、放大倍数和聚焦；测定部位（倒数第3至第4肋骨处）正确；超声耦合剂应直接接触表皮，以保障探头能够与皮肤之间形成良好的接触；影像质感均匀一致，影像中，各组织的层次与界限清晰可辨，眼肌纹理（斜纹）清晰可见；影像中，由最后肋骨向前的4

根肋骨应清晰可见，无重影。在实际操作中，获取的影像清晰均匀、背腰基本平直、界线基本明显可见为可接受影像（图 4 - 48）；影像不清晰、背腰不平直、组织界线不明显或过宽为不可接受影像（图 4 - 49）。

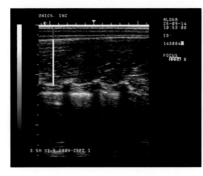

图 4 - 48　可接受影像　　　　　　图 4 - 49　不可接受影像

⑤ 测量起止点界定。

a. 背膘厚测量。背膘厚测量起止点位于倒数第 3 至第 4 肋之间的纵线上，起点为影像顶端的一条淡淡的灰线（即耦合剂与皮肤层），止点为一条较粗的白线（即第 3 层膘与眼肌之间的筋膜层）的中间，起点与止点之间的垂直距离即为背膘厚。测量时，只要将测量光标（"＋"）的横线与顶端的一条淡淡的灰线（耦合剂与皮肤层）重合（起点），并垂直向下至一条较粗的白线（第 3 层膘与背最长肌的外筋膜层）即可，见图 4 - 50。

b. 眼肌高（深）度测量。眼肌高度测量起止点位

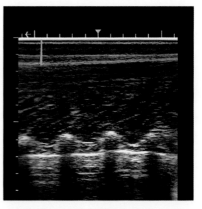

图 4 - 50　背膘厚测量

于倒数第 3 至第 4 肋间的纵线上，起点为背膘测量的止点，止点为眼肌下方的一条淡淡的白线，起点与止点之间的垂直距离即为眼肌高（深）度。测量时，只要将测量光标（"+"）的横线与背膘厚的测量止点重合（起点），并垂直向下至眼肌下方的一条淡淡的白线即可。

⑥ 原始数据记录。记录原始数据时，应与设备显示的有效数位完全一致，不得增减。如果增加了测量值的记录位数，则提高了设备的测量精度，使用设备达不到所记录的位数则有造假之嫌；减少了测量值的记录位数，则降低了设备的测量精度，埋没了测定设备的先进性。因此，如实记录测量值是职业道德的要求，十分重要，也十分必要，不得随意为之。活体背膘厚需校正时，计算结果保留 1 位小数，单位为毫米（mm）。在同一影像上测量时，如果连续 2 次测量值之差在 2 mm（含 2 mm）以内，则取其平均值为测量结果；如果连续 2 次测量的数值之差大于 2 mm，则应重新测量。

（2）垂直法

【标准原文】

5.3 垂直法

5.3.1 探头固定

在马鞍型硅胶模内槽涂抹耦合剂，装入探头，确认二者密合并固定。

5.3.2 耦合剂涂抹

受测猪保定后，将耦合剂涂抹于倒数第 3 根至第 4 根肋骨处（距胸腰结合部约 15 cm，可用触摸肋骨的方式确定），由背中线左侧开始，垂直向下涂抹，长约 15 cm。

5.3.3 影像获取

将探头置于涂有耦合剂的测定部位，使探头方向与背中线垂直，参见图 A.4。边缓慢向左侧移动，边观察 B 超显示的影像（自上而下分别是硅胶模、皮肤与脂肪层、筋膜与眼肌层），探头的中部宜保持与背中线约为 5 cm 的距离，至眼肌轮廓完整清晰时，冻结影像，参见图A.5。

图A.4 测定部位

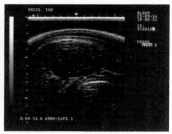

图A.5 实测的超声影像

5.3.4 信息输入

同5.2.3。

5.3.5 测量起止点确定

5.3.5.1 活体背膘厚测量起止点位于影像中亮白弧线中间点的纵线上，起点为影像中最上端亮白弧线顶部的上缘（通常为弧线的中间），止点为眼肌上缘筋膜层形成的白色亮带中间点，参见图A.6。

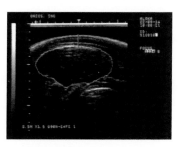

图A.6 测量起止点

5.3.5.2 活体眼肌面积测量起止点位于影像中眼肌筋膜形成的、近似椭圆形的亮白弧线上，此亮白弧线上的任意一点均可作为起点，止点应与起点完全重合，参见图A.6。

5.3.6 测量

5.3.6.1 活体背膘厚测量

按照设备操作指南选取"距离测量"功能，弹出测量光标。将光标平移至活体背膘厚的测量起点，按测量键，将光标由起点垂直向下至止点，显示值即为受测猪的活体背膘厚，参见图A.6。

5.3.6.2 活体眼肌面积测量

按照设备操作指南选取"面积测量"功能，弹出测量光标。将光标移至影像中眼肌筋膜形成的、近似椭圆形的亮白弧线上任意点，按测量键，沿亮白弧线顺时针方向描绘，至与起点完全重合，显示值即为受测猪的活体眼肌面积，参见图 A.6。

5.3.7 影像保存

同 5.2.6。

5.4 测量误差

活体背膘厚、活体眼肌高度的测量误差应在 1 mm（含 1 mm）以内；活体眼肌面积的测量误差应在 4 cm²（含 4 cm²）以内。

【内容解读】

采用垂直法测量活体背膘厚、眼肌高度和眼肌面积，主要包括测定期的准备、测定部位的确定（猪只左边倒数第 3 至第 4 肋距背中线 5 cm 处）、测定（涂耦合剂、获取影像、输入信息、确定测量起止点、测量与记录、保存影像）3 个步骤。

【实际操作】

① 测定前准备。准备工作见第 4 章《猪活体背膘厚和眼肌面积 B 型超声波法》中平行法测定的内容。马鞍形硅胶模内槽涂抹耦合剂后装入探头，确认二者密合后固定之。

② 测定部位确定。

a. 体表定位。见第 4 章猪《活体背膘厚和眼肌面积 B 型超声波法》中平行法测定的内容。

b. 探头验证。是指利用探头垂直于背中线所获取的影像来确定测定部位。将探头置于倒数第 3 至第 4 肋骨距背中线 5 cm 处，在保持距背中线 5 cm 且与背中线垂直的状态下确定。

③ 获取超声影像。测定部位确认并核验无误后，将装有马鞍形硅胶模的测定探头放置于确认好的、涂有超声耦合剂的测定部位上，横跨在背中线的一侧，并与背中线保持垂直状态，边上下轻轻

移动探头、边观察超声影像，当超声影像中能清晰看到完整的眼肌轮廓时，冻结该影像。测量时，受测猪的背腰部应保持平直状态，且探头与猪体表保持密合，按压力度适中；当猪只剧烈运动时，不宜获取影像。

④ 影像判定。当获取的超声影像冻结后，撤离测定探头，仔细观察所获取的超声影像，并评判所获取的超声影像是否符合要求。高质量影像应具备的条件：选择合适的探头支架，以保障探头支架能与皮肤形成良好的接触；设备参数设置适当，特别是增益、放大倍数和聚焦；测定部位（倒数第3至第4肋骨处）正确，涂抹的超声耦合剂应直接接触表皮；影像质感均匀一致，影像中，各组织的层次与界限清晰可辨，眼肌轮廓清晰不完整，眼肌周边的肌肉清晰可见，胸椎的棘突和椎体轮廓应清晰可见。在实际操作中，获取的影像眼肌完整、边界基本清晰、分层可见为可接受影像（图4-51）；眼肌不完整、边界不清晰、分层不明显、测量曲线存在问题为不可接受影像（图4-52）。

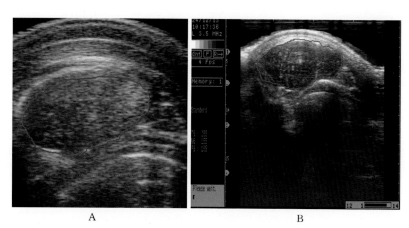

A   B

图4-51 垂直法测量眼肌面积可接受影像

A. 可接受影像1　B. 可接受影像2

⑤ 测量起止点界定。

a. 背膘厚度测量。背膘厚度的测量起点为影像上端弧线顶部

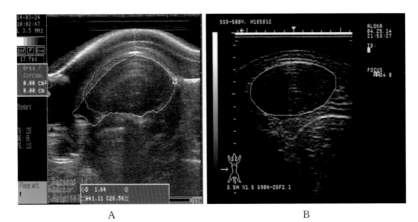

图 4 - 52 垂直法测量眼肌面积不可接受影像

A. 不可接受影像 1   B. 不可接受影像 2

的中间点，止点为第 3 层背膘与眼肌筋膜层的中间部，起点与止点之间的垂直距离即为背膘厚。所获取的影像是背部一侧的横断面，在高质量的影像上，看到的只有相对完整的眼肌轮廓，没有最后肋骨处向前的 4 个肋骨弓和肌肉纹理等与确定测定部位有关的信息。因此，应从图像的最顶点垂直向下测量，把影像顶端给出的三角形标记（探头的中点标记▼）作为确定测量部位的依据。测量时，将测量光标（"+"）的横线与顶端的一条淡淡的灰线（耦合剂与皮肤层）重合（起点），并垂直向下至一条较粗的白线（第 3 层膘与背最长肌的外筋膜层）即可。

b. 眼肌面积确定测量。获取的高质量影像上，不仅能看到完整的眼肌轮廓，还能看到一侧的脂肪与肋骨构成的三角形区域以及背侧肌群，有助于正确地确定眼肌轮廓。在实际操作过程中，测量光标（"+"）的横线应与背膘测量的止点相重合，沿影像所示的白色弧线（背最长肌的筋膜层）向下，顺着影像所示的背最长肌轮廓，经一侧的脂肪与肋骨三角区、肋间肌、夹肌和髂肋肌后向上，沿棘突部的背最长肌轮廓至背侧筋膜与起点相交，见图 4 - 53。

⑥ 原始数据记录。原始数据记录时，应与设备显示的有效数

值完全一致，不得增减。活体眼肌面积需校正时，计算值保留 2 位小数。在同一影像上测量时，如果连续 2 次测量的数值之差在 4 cm² （含 4 cm²）以内，则取其平均值为测量结果；如果连续 2 次测量的数值之差大于 4 cm²，则应重新测量。

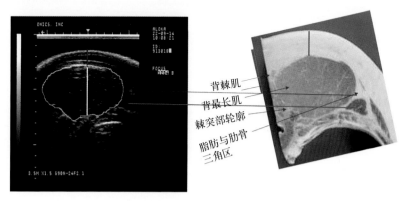

背棘肌
背最长肌
棘突部轮廓
脂肪与肋骨三角区

图 4-53 垂直法测定部位确定

四、《猪肉品质测定技术规程》（NY/T 821—2019）

1. 术语和定义

（1）肉色

【标准原文】

3.1
肉色 meat color，MC
宰后规定时间内，肌肉横断面的颜色。

【内容解读】

动物宰杀充分放血后，肌红蛋白（Myoglobin，Mb）成为肉的主要呈色物质，其含量的高低和所处的化学状态决定着肉的色泽。肌红蛋白在不同条件下呈现不同的化学状态，使肉呈现不同的色泽。

肉色测定方法包括仪器法和评分法。

在肉色研究中，人们常用传统的肉色指标（CIE - L*a*b*，L*值表示肉色的亮度，a*值表示肉色的红度，b*值表示肉色的黄度）和肉色稳定性评价指标（高铁肌红蛋白还原能力，Metmyoglobin Reductase Activity，MRA）对肉色进行评价。

（2）pH

【标准原文】

3.2
pH   pH value
宰后规定时间内，肌肉酸碱度的测定值。

【内容解读】

肌肉 pH 是肉质性状重要的指标，反映猪屠宰后肌糖原的酵解速率，也是判断生理正常肉或异常肉（PSE 肉、DFD 肉）的依据。屠宰后肌肉 pH 下降，主要由肌糖原无氧酵解产生乳酸以及三磷酸腺苷（ATP）分解产生磷酸导致，前者为主要因素。

（3）系水力

【标准原文】

3.3
系水力   water holding capacity，WHC
在特定外力作用下，肌肉在规定时间内保持其内含水的能力。

【内容解读】

系水力的概念由 Childs 和 Baldelli 于 1934 年提出，用来表述肌肉或肉品在特定条件下的保水能力。此概念在近 20 年来被肉类学者发展成三个方面的内涵：系水潜能（water holding potential）

表示肌肉携带水分的最大容量；可榨出水（expressible moisture）表示外力条件下肌肉液体的流失量；滴水损失（drip loss）表示无外力条件下肌肉液体的流失量。

系水力与肉的多汁性、营养组成、肉色外观、酸碱度和其他感官特性有关，从而影响消费者的满意度。水分流失会导致重量下降，造成血红蛋白流失及可溶性风味物质损失，严重影响肉品质。

（4）滴水损失

【标准原文】

3.4

滴水损失　drip loss, DL

在无外力作用下，肌肉在特定条件和规定时间内流失或渗出液体的量。

【内容解读】

滴水损失通常用来描述系水力的大小，常用于滴水损失测定的方法有套袋法和肉汁容器法两种。套袋法是德国学者 Honikel 创立并被国际公认的测定滴水损失的经典方法。肉汁容器法又称 EZ 滴水损失法，是由丹麦肉类研究所推荐用于测量猪肉滴水损失的方法。本标准给出了肉汁容器法。

（5）大理石纹

【标准原文】

3.5

大理石纹　marbling, MD

肌肉横截面可见脂肪与结缔组织的分布情况。

【内容解读】

大理石纹是肌纤维中的脂肪沉积而形成的，也称脂肪交杂，由肌肉内的血管周围开始发育。因此,大理石纹是肌肉内血管分布多的外肌周膜脂肪的逐步沉积,形成一种类似于白色大理石纹的分布。肌内脂肪沉积越多,大理石纹越明显。猪肉大理石纹的纹理具有细小、分布较散等特点。

本标准给出人工目测评分法评定大理石纹。

(6) 肌内脂肪

【标准原文】

3.6

肌内脂肪　intramuscular fat,IMF

肌肉组织的脂肪含量。

【内容解读】

肌内脂肪是指沉积在肌肉块之内的脂肪,分布于肌外膜、肌束膜甚至肌内膜上。肌内脂肪是由肌内脂肪组织和肌纤维中的脂肪组成的。肌内脂肪组织由沿肌纤维方向排列的脂肪细胞组成,位于肌束间隙,脂肪细胞独立存在或成簇存在,这部分的分子构型几乎全是三酰甘油,而肌纤维中的脂肪则是由肌浆中的三酰甘油液滴、膜脂(主要是磷脂)和胆固醇等组成。

一般认为,肌内脂肪含量越低,肌肉的多汁性、香味及总体可接受性越低。肌内脂肪对猪肉品质的影响主要体现在嫩度、大理石纹、风味和多汁性上。

(7) PSE 肉

【标准原文】

3.7

PSE 肉　pale,soft and exudative,PSE

宰后规定时间内,肌肉出现颜色灰白、质地松软和切面汁液外渗现象的肌肉。

【内容解读】

低 pH（pH≤5.4）和较高的胴体温度（≥38 ℃）相结合会导致肌肉蛋白质变性，进而产生 PSE 肉。大多数学者认为，PSE 肉的形成机制是生猪屠宰前发生了应激反应，易感猪宰前受到强烈刺激后，肾上腺素分泌增加，促使磷酸化酶的活性增高，肌肉糖酵解过程加快，产生大量乳酸，致使肉的 pH 急剧下降，宰后 45 min pH 下降至 5.7 以下。再加上屠宰后高温和肌肉痉挛所产生的强直热，使肌纤维发生收缩，肌浆蛋白凝固，肌肉保水能力降低，游离水增多并从肌细胞中渗出。肌外膜胶原纤维膨胀软化，使肌肉色泽变淡，质地松软，组织脆弱，切面多汁。PSE 猪肉的品质较差，消费者接受度较低，PSE 猪肉具有 pH 低、色泽差、保水性差等问题。

（8）DFD 肉

【标准原文】

3.8

DFD 肉　dark，firm and dry，DFD

宰后规定时间内，肌肉出现颜色深暗、质地紧硬和切面干燥现象的肌肉。

【内容解读】

DFD 肉常见于猪腿部和臀部肌肉。这种肉 pH 高，肌苷酸少，口味差，细菌易在其加工品中繁殖。通常在细菌密度低于正常肉时就已发生败坏，故该肉易腐烂。因此，DFD 肉在食品卫生上的问题非常多。

DFD 肉的发生机理：猪只在屠宰前经长途运输、长时间绝食、处于饥饿状态等应激因素作用下，造成肌肉中肌糖原消耗过多，因糖原枯竭，几乎没有乳酸生成，使肉的 pH 始终维持在 6.2 以上。因此，细胞内各种酶依然具有活性，在细胞色素酶的作用下，氧合肌红蛋白（鲜红色）变成了肌红蛋白（紫红色），致使肉呈暗红色。同时，由于 pH 不下降，风味成分肌苷酸生成减少，造成了肉的品质下降。又由于肌纤维不变细，水分不渗出，所以肉质较硬，肌肉组织干燥紧密，保水性良好。另外，由于 pH 高，细菌易在肉中繁殖，故这种肉易受微生物作用而腐败。

2. 要求

（1）测定用水

【标准原文】

4.2 测定用水

pH 5.5～7.5，电导率≤0.50 mS /m，可氧化物质（以 O 计）≤0.4 mg/L，蒸发残渣（105 ℃±2 ℃）≤2.0 mg/L。

【内容解读】

本标准的测定用水指采用蒸馏或离子交换等方法制备的、用于测定标准中规定项目所需要的测定用水。根据《分析实验室用水规格和试验方法》（GB/T 6682—2008）规定，分析实验室三级用水就能满足本标准测定用水的要求（表 4 - 7）。

表 4 - 7 分析实验室三级用水水质

名称	三级
pH 范围（25 ℃）	5.5～7.5
电导率（25 ℃）（mS/m）	≤0.50
可氧化物质含量（以 O 计）（mg/L）	≤0.4
吸光度（254 nm，1 cm 光程）	—
蒸发残渣（105 ℃±2 ℃）（mg/L）	≤2.0
可溶性硅（以 SiO_2 计）（mg/L）	—

资料来源：《分析实验室用水规格和试验方法》（GB/T 6682—2008）中第 4 章。

（2）测定试剂

【标准原文】

4.3　测定试剂

若无特别说明，测定试剂均为分析纯（AR）。

【内容解读】

化学试剂的纯度分为基准试剂（JZ，绿标签）、优级纯（GR，绿标签，一级品）、分析纯（AR，红标签，二级品）、化学纯（CP，蓝标签，三级品）、实验纯（LR，黄标签）。

分析纯是指做分析测定用的试剂，主成分含量很高、纯度较高，干扰杂质很低。本标准中测定试剂均为分析纯（AR）。

（3）样品来源

【标准原文】

4.4　样品来源

应从按照 NY/T 825 规定屠宰的左半胴体中取样。

【内容解读】

根据《瘦肉型猪胴体性状测定技术规范》（NY/T 825—2004）3.5 规定：胴体开膛劈半应左右对称，背线切面整齐。

（4）取样

【标准原文】

4.5　取样

4.5.1　取样时间

宰后 40 min 以内。

4.5.2　取样部位

背最长肌（longissimus dorsi，LD），从倒数第三胸椎前端向后延伸，直至满足测定项目所需的样品长度与重量。猪肉品质测定样品切取顺序与长度参见附录 A。

附录 A

（资料性附录）

猪肉品质测定样品切取顺序与长度

A.1 切取顺序

按如下流程顺序切取样品，样品切取示意图见图 A.1。

系水力→滴水损失→pH→肉色与大理石纹→嫩度→肌内脂肪和水分。

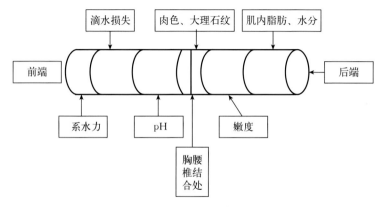

图 A.1 样品切取顺序示意图

A.2 切取长度

A.2.1 系水力

从前端（图 A.1）开始，连续切取 2 片，每片厚约 1 cm。

A.2.2 滴水损失

继系水力之后切取，厚约 8 cm。

A.2.3 pH

继滴水损失之后切取，厚约 5 cm。

A.2.4 肉色、大理石纹

继 pH 之后切取，厚约 2 cm。

A.2.5 嫩度

继肉色大理石纹之后切取，厚约 10 cm。

A.2.6 肌内脂肪、水分

上述样品切取之后的剩余部分，样品总量应大于200 g。

【内容解读】

本标准规定的取样部位为胸腰椎段背最长肌，从倒数第三胸椎前端处横断皮肤、脂肪层和背最长肌，再由此处向后剥离，直至腰椎段，而后截取倒数第三胸椎前端至第三至第四腰椎段背最长肌。切取的背最长肌送至实验室后，按照不同测定项目进行取样，取样的顺序从左到右依次为系水力、滴水损失、pH、肉色和大理石花纹、嫩度、肌内脂肪和水分，切取样品应满足测定项目所需的长度。

3. 测定方法

(1) 肉色

【标准原文】

5.1　肉色

5.1.1　仪器法（推荐法）

5.1.1.1　测定时间

宰后45 min～60 min内完成测定，用肉色1表示；肉色1测定后，0 ℃～4 ℃保存至宰后24 h±15 min测定，用肉色2表示。

5.1.1.2　操作步骤

操作步骤如下：

a) 参照附录A切取厚2 cm～3 cm的肉块，逢中一分为二，新鲜切面朝上，置于瓷盘内；

b) 采用色差计（D_{65}光源）测定，应按仪器使用要求预热和校准（正）；

c) 按仪器使用要求，选择Lab模式进行测量，记录显示值；

d) 每个样品测定2个肉片，每个肉片测定3个不同点，用L值的平均值表述测定结果；

e) 同一样品测定结果的相对偏差应小于5%。

5.1.1.3 计算结果

按式（1）计算，计算结果保留 2 位小数。

$$MC = (\sum n_i/3 + \sum n_j/3)/2 \quad \cdots\cdots\cdots\cdots \quad (1)$$

式中：

MC——肉色 L 值的测定结果；

$\sum n_i$——肉片 1 测定的 L 值，$i=1\sim3$；

$\sum n_j$——肉片 2 测定的 L 值，$j=1\sim3$。

5.1.2 评分法

5.1.2.1 评定时间

同 5.1.1.1。

5.1.2.2 评定条件

评定条件如下：

a) 样品评定区域的颜色应为非彩色，以白色或浅灰色为宜；

b) 光照度宜为 1 000 lx～1 500 lx，避免阳光直射，并排除干扰评定人员视觉的色彩、物体和光照；

c) 评定人员应具有正常色觉，无色盲或色弱。

5.1.2.3 操作步骤

操作步骤如下：

a) 样品制备同 5.1.1.2 a）；

b) 参照附录 B 中的 B.1 进行评分；

c) 评定时，允许评定人员移动肉片和肉色评分示意图，以获得最佳评定条件；

d) 评分宜在切开肉样 30 min 内完成；

e) 每个样品评定 2 个试样，每个试样给出 1 个评分值。两个整数之间可设 0.5 分档；

f) 用平均值表示评定结果；

g) 同一样品评定结果的相对偏差应小于 5%。

5.1.2.4 计算结果

按式（2）计算，计算结果保留一位小数。

$$MC = (n_1 + n_2)/2 \quad \cdots\cdots\cdots\cdots\cdots\cdots (2)$$

式中：

MC——肉色的评定结果，单位为分；

n_1——肉片 1 的肉色评分值，单位为分；

n_2——肉片 2 的肉色评分值，单位为分。

5.1.3 结果评判

结果评判如下：

a) L 值≥60，对应肉色评分值 1 分，PSE 肉；

b) L 值 53～59，对应肉色评分值 2 分，趋近于 PSE 肉；

c) L 值 37～52，对应肉色评分值 3 分～4 分，正常肉色；

d) L 值 31～36，对应肉色评分值 5 分，趋近于 DFD 肉；

e) L 值≤30，对应肉色评分值 6 分，DFD 肉。

【内容解读】

① 肉色测定分为仪器法和评分法。两法相比，仪器法避免了人为主观因素，检测结果更为客观。

② 肉色测定（仪器法、评分法）操作步骤包括取样制样、肉色仪器测定/人员评定、数据记录及结果计算、结果评判。

③ 取样时切取胸腰结合处（取样部位如图 4-54 所示）厚 2 cm～3 cm 的肉块，逢中一分为二，新鲜切面朝上，置于瓷盘内。

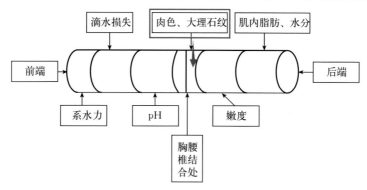

图 4-54 肉色评定取样部位

④ 仪器法使用色差计，色差计又称为便携式色度仪、色彩分析仪、色彩色差计。色差计是一种简单的颜色偏差测试仪器，即制作一块具有与人眼感色灵敏度相当的分光特性的滤光片，用它对样板进行测光，关键是设计这种感光器的分光灵敏度特性，并能在某种光源下通过电脑软件测定且显示出色差值。本标准采用配有 D_{65} 光源的色差计。D_{65} 光源又称国际标准人工日光（Artificial Daylight），其色温为 6 500 K，作为评定货品颜色的标准光源。颜色空间（图 4-55）是一个基于对立颜色学说的三维矩形空间。现有两个使用比较广泛的颜色空间是 Hunter L、a、b 和 CIE L^*、a^*、b^*。本标准中采用的色差计是 Hunter L、a、b 系统。

L（明度）轴——0 代表黑，100 代表白。

a（红—绿）轴——正值为红；负值为绿；0 为中性色。

b（蓝—黄）轴——正值为黄；负值为蓝；0 为中性色。

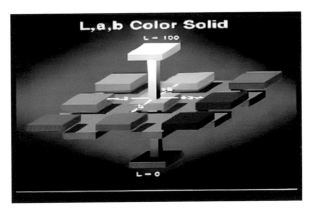

图 4-55　颜色空间

肉色检测（仪器法）见图 4-56。

⑤ 相对偏差指某一次测量的绝对偏差占平均值的百分比（相对偏差＝［（测定值－平均值）/平均值］×100%）。相对偏差只能用来衡量单项测定结果对平均值的偏离程度。不管是仪器法还是评分法，同一样品测定或评定结果的相对偏差均应小于 5%，否则重新测定。

【实际操作】

① 切取 2 cm～3 cm 厚的肉块，置于瓷盘，见图 4-56A。

② 色差计按仪器使用要求预热和校准后，测定肉色，见图 4-56B；评分法：参照本标准附录 B.1 肉色评分示意图进行评分，见图 4-57。

③ 屠宰后 45 min～60 min 内完成评定，仪器法用 L_1 表示，评分法用肉色 1 表示；肉色 1 测定后，0 ℃～4 ℃保存至宰后 24 h±

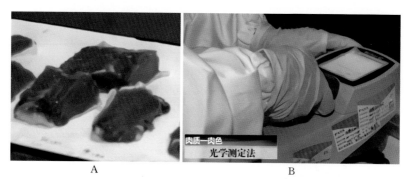

A   B

图 4-56　肉色测定（仪器法）

A. 切取 2 cm～3 cm 厚的肉块　B. 色差计测定肉色

A   B   C

D   E   F

图 4-57　肉色评分示意图

A. 淡灰粉色至白色，1 分　B. 灰粉色，2 分　C. 亮红或鲜红色，3 分

D. 深红色，4 分　E. 紫红色，5 分　F. 暗紫红色，6 分

15 min 测定，仪器法用 L_2 表示，评分法用肉色 2 表示。

（2）pH

【标准原文】

5.2 pH

5.2.1 肉块测定法（推荐法）

5.2.1.1 测定时间

宰后 45 min～60 min 内测定，记为 pH_1；pH_1 测定后，0 ℃～4 ℃保存至宰后 24 h±10 min 测定，记为 pH_{24}。

5.2.1.2 操作步骤

操作步骤如下：

a) 参照附录 A 切取试样，置于瓷盘内；

b) 按仪器使用要求使用至少 2 种（如 pH＝4.00 和 pH＝7.00）pH 标准缓冲液进行校准（正）；

c) 测量肉样温度，并按仪器使用要求进行温度补偿；

d) 将电极直接插入试样一端的任意一个测量点，等待约 30 s，读取并记录显示值；

e) 抽出电极，用水淋洗并吸干，再次插入试样一端的另一测量点，等待约 30 s，读取并记录显示值；

f) 重复 d）和 e）操作直至测定完毕；

g) 同一试样的 2 端分别测量 2 个不同的点，用平均值表示测定结果；

h) 同一样品测定结果的相对偏差应小于 5%。

5.2.1.3 计算结果

按式（3）计算，计算结果保留 2 位小数。

$$pH = (\sum pH_i/2 + \sum pH_j/2)/2 \cdots\cdots\cdots\cdots (3)$$

式中：

pH——肌肉 pH 的测定结果；

$\sum pH_i$ —— 肉块 1 的测定结果，$i = 1 \sim 2$；

$\sum pH_j$ —— 肉块 2 的测定结果，$j = 1 \sim 2$。

5.2.2 肉糜测定法

5.2.2.1 测定时间

同 5.2.1.1。

5.2.2.2 操作步骤

操作步骤如下：

a) 参照附录 A 切取试样，剔除外周肌膜，切成条块状并绞成肉糜，分装于 2 个容器中（高度约占容器的 2/3），压实至无可见的空隙；

b) 按仪器使用要求使用至少 2 种（如 pH = 4.00 和 pH = 7.00）pH 标准缓冲液进行校准（正）；

c) 测量肉样温度，并按仪器使用要求进行温度补偿；

d) 将电极插入试样的任意一个测量点，等待约 30 s，读取并记录显示值；

e) 抽出电极，用水淋洗电极后吸干，再次插入另一测量点，等待约 30 s，读取并记录显示值；

f) 重复 d) 与 e) 操作直至测定完毕；

g) 每个样品测定 2 个试样，每个试样测定 2 个不同点，用平均值表述测定结果；

h) 同一样品测定结果的相对偏差应小于 5%。

5.2.2.3 计算结果

同 5.2.1.3。

5.2.3 结果评判

结果评判如下：

a) pH_1 5.9～6.5 或 pH_{24} 5.6～6.0，正常肉；

b) $pH_1 < 5.9$ 或 $pH_{24} < 5.6$，PSE 肉；

c) $pH_1 > 6.5$ 或 $pH_{24} > 6.0$，DFD 肉。

【内容解读】

① pH 测定法分为肉块测定法和肉糜测定法。

② pH 测定操作步骤包括取样制样、仪器温度补偿及校正、pH 测定、数据记录及结果计算、结果评判。

③ 取样时切取倒数第一至第二胸椎处试样约 2 cm，取样部位如图 4-58 所示。

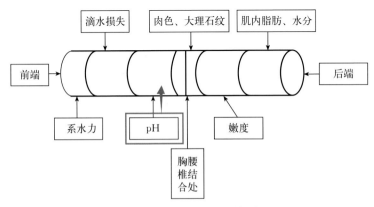

图 4-58　pH 测定取样部位

④ 温度补偿：电子元器件通常都有一定的温度系数，其输出信号会随温度变化而漂移，称为"温漂"。为了减小温漂，采用一些补偿措施在一定程度上抵消或减小其输出的温漂，这就是温度补偿。pH 与温度对照表见表 4-8。

表 4-8　**pH 与温度对照表**

温度 （℃）	pH （4.00±0.02）	温度 （℃）	pH （7.00±0.02）
0	4.01	0	7.12
5	4.01	5	7.09
10	4	10	7.05

（续）

温度 （℃）	pH （4.00±0.02）	温度 （℃）	pH （7.00±0.02）
15	4	15	7.04
20	4	20	7.02
25	4.04	25	7
30	4.01	30	5.99
35	4.02	35	5.98
40	4.03	40	5.97
45	4.04	45	5.97

【实际操作】

① 肉块测定法。

a. 按仪器使用要求进行校准（正）及温度补偿。

b. 将进入测定状态的 pH 计探头插入肉样横截面的靠中心位置，等待约 30 s，测定肉样 pH，见图 4-59。

c. 宰后 45 min～60 min 内测定 pH_1，之后将肉样放入控温在 0 ℃～4 ℃的冷藏柜中冷藏保存至宰后 24 h±10 min，测定 pH_{24}。

② 肉糜测定法。

a. 制样。剔除外周肌膜（图 4-60A），切成条块状并绞成肉糜，分装于容器中（高度约占容器的 2/3），压实至无可见的空隙（图 4-60B）。

图 4-59 肉块测定法

b. 按仪器使用要求进行校准（正）及温度补偿，见图 4-61A。

c. 将电极插入试样的任意一个测量点，等待约 30 s，测定肉样 pH（图4-61B）。

图4-60 制 样

A. 剔除外周肌膜 B. 绞成肉糜，分装于容器中

图4-61 肉糜测定法

A. 对 pH 计进行温度补偿和校正 B. 测定肉样 pH

d. 宰后 45 min～60 min 内测定 pH_1，之后将肉样放入控温在 0 ℃～4 ℃的冷藏柜中冷藏保存至宰后 24 h±10 min，测定 pH_{24}。

（3）滴水损失

【标准原文】

5.3 滴水损失

5.3.1 测定时间

宰后 2 h 以内。

5.3.2 操作步骤

操作步骤如下：

a) 参照附录 A 切取厚约 8 cm 肉块；

b) 剔除肉块外周肌膜，顺肉块肌纤维走向修整成 4 个大小为 2 cm×2 cm×2 cm 的试样；

c) 将 EZ-测定管编号，放入试管架中；

d) 称量试样放入前的质量（精确至 0.001 g），记为 m_1；

e) 将试样顺肌纤维走向放入 EZ-测定管，记录其编号，放入冷藏箱，保持冷藏箱的温度为 2 ℃～4 ℃，记录试样的放入时间；

f) 当试样的放入时间达 48 h，取出试样，用滤纸吸干试验表层残留的液体（不宜挤压或按压），称重试样放入后的质量（精确至 0.001 g），记为 m_2；

g) 同一样品测定 4 个试样，用平均值表述测定结果；

h) 同一样品测定结果的相对偏差应小于 15%。

5.3.3 计算结果

按式（4）计算，计算结果保留 2 位小数。

$$DL=[(m_1-m_2)/m_1]\times100 \quad\cdots\cdots\cdots\cdots\cdots\cdots (4)$$

式中：

DL——48 h 滴水损失测定结果，单位为百分率（%）；

m_1——同一试样放入前称量的质量，单位为克（g）；

m_2——同一试样放入冷藏箱 48 h 后称量的质量，单位为克（g）。

5.3.4 结果评判

结果评判如下：

a) 滴水损失 1.5%～5.0%，正常肉；

b) 滴水损失 >5.0%，PSE 肉；

c) 滴水损失 <1.5%，DFD 肉。

【内容解读】

滴水损失测定操作步骤包括取样制样、称重、保存、称重（48

h 后）、数据记录及结果计算、结果评判。制样时于倒数第一至第二胸椎处取样，取样部位如图 4‐62 所示。

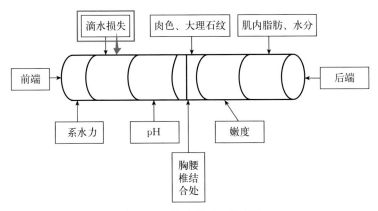

图 4‐62　滴水损失取样部位

【实际操作】

① 制样时剔除肉块外周肌膜，见图 4‐63A，顺肉块肌纤维走向修整成大小约 2 cm×2 cm×2 cm 的试样，见图 4‐63B。

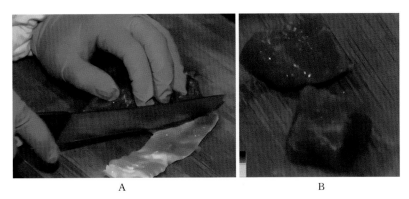

A　　　　　　　　　　　　　　　　B

图 4‐63　制　样

A. 剔除外周肌膜　B. 顺肉块肌纤维走向修整成大小约 2 cm×2 cm×2 cm 的试样

② 称量试样放入前的质量，将试样顺肌纤维走向放入 EZ-测定管，见图 4-64A 和图 4-64B，放入冷藏箱（2 ℃～4 ℃），并记录放入时间。

③ 48 h 后，取出试样，用滤纸吸干试验表层残留的液体，见图 4-64C，称量试样放入后的质量，见图 4-64D。

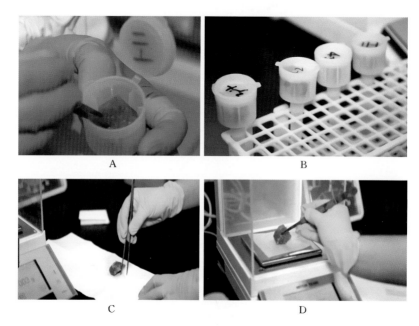

图 4-64 滴水损失测定
A. 将试样顺肌纤维走向放入 EZ-测定管 B. 将测定管放入试管架
C. 用滤纸吸干试验表层残留的液体 D. 称重

（4）系水力

【标准原文】

5.4 系水力

5.4.1 测定时间

同 5.3.1。

5.4.2　操作步骤

操作步骤如下：

a)　采用压力仪测定，应按仪器使用要求进行操作；

b)　参照附录A切取厚约1 cm肉块，用ø25 mm取样器在肉块的中部斩取1个试样；

c)　称量试样加压前的质量（精确至0.001 g），记为m_1；

d)　在试样的上下各垫1块纱布、8层滤纸和1块硬质板，置于仪器加压平台上；

e)　加压至35 kg开始计时，保持35 kg压力至5 min，撤除压力，取出试样，清除试样表层的残留物；

f)　称重试样加压后的质量（精确至0.001 g），记为m_2；

g)　同一样品测定2个试样，用平均值表述测定结果；

h)　同一样品测定结果的相对偏差应小于10%。

5.4.3　计算结果

按式（5）计算，计算结果保留2位小数。

$$WHC = [(m_3 \times W) - (m_3 - m_4)/(m_3 \times W)] \times 100 \quad \cdots (5)$$

式中：

WHC——系水力的测定结果，单位为百分率（%）；

　m_3——同一试样加压前的质量，单位为克（g）；

　m_4——同一试样加压后的质量，单位为克（g）；

　W——同一样品的肌肉水分含量，单位为百分率（%）。

【内容解读】

系水力测定操作步骤包括取样制样、称重、加压、称重、数据记录及结果计算。

于倒数第一至第二胸椎处取样，取样部位如图4-65所示。

【实际操作】

① 制样：切取厚1 cm肉块，用ø25 mm取样器在肉块的中部

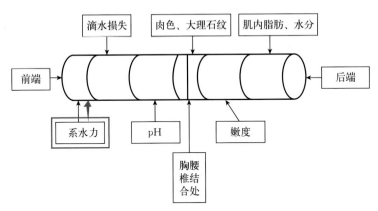

图 4 - 65　系水力取样部位

斩取 1 个试样，并称重，见图 4 - 66A 及图 4 - 66B。

　　② 在试样的上下各垫 1 块纱布、8 层滤纸和 1 块硬质板，置于仪器加压平台上，见图 4 - 66C 及图 4 - 66D。

　　③ 加压至 35 kg 开始计时，保持 35 kg 压力至 5 min，撤除压力，取出试样，清除试样表层的残留物，并称重试样加压后的质量。

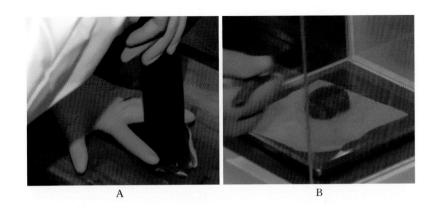

A　　　　　　　　　　　　　B

C   D

图 4 - 66 系水力测定

(5) 大理石纹

【标准原文】

5.5 大理石纹

5.5.1 评定时间
宰后 24 h。

5.5.2 评定条件
同 5.1.2.2。

5.5.3 操作步骤
操作步骤如下：

a) 将肉色 1 测定的样品装入自封袋，编号，0 ℃～4 ℃保存 24 h±15 min，取出，从中间一分为二，置于瓷盘内；

b) 参照 B.2 大理石纹评分示意图进行评定；

c) 评定时，允许评定人员移动肉片和大理石纹评分示意图，以获得最佳评定条件；

d) 评分宜在切开肉样 30 min 内完成；

e) 每个样品评定 2 个试样，每个试样给出 1 个评分值。两个整数之间可设 0.5 分档；

f) 用平均值表示评定结果；

g) 同一样品评定结果的相对偏差应小于 5%。

5.5.4　计算结果

按式（6）计算，计算结果保留 1 位小数。

$$MB=(n_3+n_4)/2 \quad \cdots\cdots\cdots\cdots\cdots\cdots \quad (6)$$

式中：

MB——大理石纹评定结果，单位为分；

n_3——试样 1 大理石纹的评分值，单位为分；

n_4——试样 2 大理石纹的评分值，单位为分。

5.5.5　评定结果

结果评判如下：

a) 几乎看不见大理石纹，1 分，肌内脂肪含量约 1.0%；

b) 可见少量的大理石纹，2 分，肌内脂肪含量约 2.0%；

c) 大理石纹分布较稀疏，3 分，肌内脂肪含量约 3.0%；

d) 大理石纹分布较明显，4 分，肌内脂肪含量约 4.0%；

e) 大理石纹分布明显，5 分，肌内脂肪含量约 5.0%；

f) 大理石纹分布明显且浓密，6 分，肌内脂肪含量约 6.0% 以上。

【内容解读】

① 大理石纹操作步骤包括取样制样、评分、数据记录及结果计算、结果评判。

② 于倒数第一至第二胸椎处取样，与肉色样品相同。

【实际操作】

将肉色 1 测定的样品，从中间一分为二，置于瓷盘内，参照本标准 B.2 大理石纹评分示意图进行评定，见图 4-67。

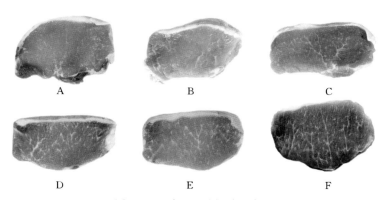

图4-67 大理石纹评分示意图

A. 几乎看不见大理石纹，1分 B. 可见少量的大理石纹，2分

C. 大理石纹分布较稀疏，3分 D. 大理石纹分布较明显，4分

E. 大理石纹分布明显，5分 F. 大理石纹分布明显且浓密，6分

(6) 肌内脂肪

【标准原文】

5.6 肌内脂肪

5.6.1 测定时间

肉样制备完毕2 h内测定为宜。如不能，应将制备的试样装入自封袋或密封容器内，并注明试样的编号、制备时间、制备人等信息，冷冻保存，但保存时间不宜超过72 h。

5.6.2 样品制备

操作步骤如下：

a) 参照附录A切取约200 g的肉样；

b) 剔除肉样外周的筋膜，切为肉条并绞为肉糜；

c) 将肉糜置于瓷盘内摊平，取对角线的一部分作为测定试样，另一部分作为备用样品装入自封袋或密封容器内，并注明试样的编号、制备时间、制备人等信息，冷冻保存。

5.6.3 测定方法

5.6.3.1 索氏浸提法（推荐法）

操作步骤如下：

a) 称取约 10 g 的试样（若为冷冻样品，则应解冻并混匀），精确至 0.000 1 g，记为 m_0；

b) 将试样放入 250 mL 锥形瓶中，加入 2 mol/L 盐酸溶液 120 mL，搅拌均匀，放入 70 ℃～80 ℃ 水浴锅中水解约 1 h，其间每隔 15 min 搅拌一次；

c) 将水解试样过滤，用 70 ℃～80 ℃ 热水少量多次冲洗锥形瓶，洗液一并过滤，直至无残留；

d) 取出滤纸与滤渣，放入 103 ℃±2 ℃ 干燥箱内烘 1 h，取出，置干燥器中冷却至室温，放入滤纸筒内，用脱脂棉封实；

e) 将接收瓶放入 103 ℃±2 ℃ 干燥箱内烘 1 h，取出，放入干燥器中冷却至室温，称重（精确至 0.000 1 g），记为 m_5；

f) 采用索氏浸提仪器测定，应按仪器使用要求进行检查，并调控回流速度；

g) 按仪器使用要求加入石油醚、开机浸提，浸提完毕，回收石油醚，关机；

h) 取出接收瓶，放入 103 ℃±2 ℃ 干燥箱内烘 2 h，取出，置干燥器中冷却至室温，称重（精确至 0.000 1 g）直至恒重（连续 2 次称量结果之差小于 5 mg），记为 m_6；

i) 同一样品测定 2 个平行样，用平均值表述测定结果；

j) 同一样品两次独立测定结果的相对偏差应小于 10%；

k) 按式（7）计算，计算结果保留 2 位小数。

$$IMF = (m_6 - m_5)/m_0 \times 100 \quad \cdots\cdots\cdots\cdots\cdots \quad (7)$$

式中：

IMF——肌内脂肪含量的测定结果，单位为百分率（%）；

m_0——试样的质量，单位为克（g）；

m_5——抽提前称量的接收瓶质量，单位为克（g）；

m_6——抽提后称量的接收瓶质量，单位为克（g）。

5.6.3.2 快速测定法

操作步骤如下：

a) 初次使用前应按索氏浸提法（5.6.3.1）进行校准；

b) 测定试样前，应按仪器使用要求进行预热和校准；

c) 按仪器使用要求制备样品，若为冷冻样品则应解冻并混合均匀；

d) 将制备的样品放入仪器进行测定，记录显示值；

e) 同一样品测定 2 个试样，用平均值表述测定结果；

f) 同一样品 2 次独立测定结果的相对偏差应小于 10%；

g) 按式（8）计算，计算结果保留 2 位小数。

$$IMF = (n_5 + n_6)/2 \quad\cdots\cdots\cdots\cdots\cdots\quad (8)$$

式中：

IMF——肌内脂肪含量的测定结果，单位为百分率（%）；

n_5——第一次测定的显示值，单位为百分率（%）；

n_6——第二次测定的显示值，单位为百分率（%）。

【内容解读】

① 索氏浸提法操作步骤包括取样制样、水解、过滤、烘干、测定、数据记录及结果计算；快速测定法操作步骤包括仪器预热校准、取样制样、测定、数据记录及结果计算。

② 于倒数第一至第二胸椎处取样，取样部位如图 4-68 所示。

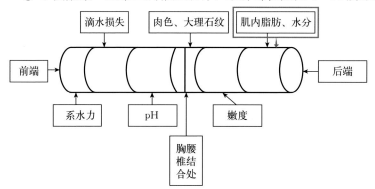

图 4-68　肌内脂肪取样部位

【实际操作】

① 索氏浸提法。

a. 称取约 10 g 的试样，见图 4 - 69A，将试样放入 250 mL 锥形瓶中，加入 2 mol/L 盐酸溶液 120 mL，搅拌均匀，放入 70 ℃～80 ℃水浴锅中水解约 1 h，其间每隔 15 min 搅拌一次，见图4 - 69B。

b. 将水解试样过滤，见图 4 - 69C，用 70 ℃～80 ℃热水少量多次冲洗锥形瓶，见图 4 - 69D，洗液一并过滤，直至无残留。

c. 取出滤纸与滤渣，放入 103 ℃±2 ℃干燥箱内烘 1 h，见图 4 - 69E，取出，置干燥器中冷却至室温，放入滤纸筒内，用脱脂棉封实，见图 4 - 69F。

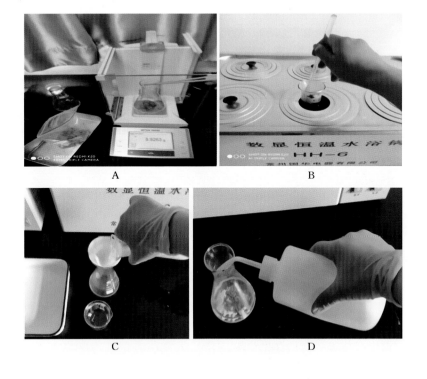

图4-69 肌内脂肪（索氏浸提法）测定

A. 称样 B. 试样水解 C. 过滤 D. 冲洗锥形瓶 E. 烘干滤纸与滤渣

F. 放入滤纸筒内，用脱脂棉封实 G. 接收瓶烘干冷却 H. 采用索氏浸提仪器测定

I. 浸提中 J. 浸提完毕

d. 将接收瓶放入103 ℃±2 ℃干燥箱内烘1 h，取出，放入干燥器中冷却至室温，称重，见图4-69G，采用索氏浸提仪器测定，见图4-69H、图4-69I、图4-69J。

② 快速测定法。

a. 按仪器使用要求预热和校准，见图4-70A。

b. 剔除肉样外周的筋膜，切为肉条并绞为肉糜。

c. 将制备的样品放入仪器进行测定，见图4-70B，记录测定结果，见图4-70C。

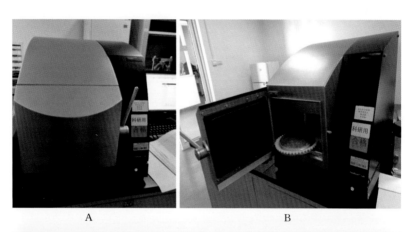

A   B

C

图4-70　肌内脂肪（快速测定法）

A. 仪器预热和校准　B. 将制备的样品放入仪器进行测定　C. 脂肪测定

（7）水分

【标准原文】

5.7 水分

5.7.1 测定时间

同5.6.1。

5.7.2 样品制备

同5.6.2。

5.7.3 测定方法

5.7.3.1 直接干燥法（推荐法）

操作步骤如下：

a) 取约15 g石英砂（粒度为16目～60目，不挥发物≤0.2%，灼烧失重≤1.5%，氯化物≤0.015%，铁≤0.005%）倒入称量瓶中，置于103℃±2℃干燥箱中烘1 h，取出，置于干燥器中冷却1 h，称重，直至恒重（连续两次称量结果之差小于1 mg），记为m'_0；

b) 取约10 g试样（若为冷冻样品则应解冻并混匀）置于称量瓶中，将试样与石英砂混拌均匀，称重（精确至0.000 1 g），记为m_7；

c) 取95%乙醇约8 mL倒入称量瓶中，搅拌混合，置于加热板上；

d) 调控加热板的温度，使乙醇缓慢挥发，直至乙醇全部挥发后取出，置于103℃±2℃干燥箱内烘3 h；

e) 取出称量瓶，置于干燥器中冷却至室温，称重（精确至0.000 1 g），直至恒重（连续两次称量结果之差小于5 mg），记为m_8；

f) 同一样品测定2个试样，用平均值表述测定结果；

g) 同一样品，2次独立测定结果的相对偏差应小于5%；

h) 按式（9）计算，计算结果保留2位小数。

$$W = \left[(m_7 - m_8)/(m_7 - m_0') \right] \times 100 \cdots\cdots\cdots (9)$$

式中：

W——水分含量的测定结果，单位为百分率（%）；

m_0'——称量的称量瓶＋石英砂质量，单位为克（g）；

m_7——称量的称量瓶＋石英砂＋烘干前试样的质量，单位为克（g）；

m_8——称量的称量瓶＋石英砂＋烘干后试样的质量，单位为克（g）。

5.7.3.2　快速测定法

操作步骤如下：

a) 初次使用前，应按直接干燥法（5.7.3.1）进行校准；

b) 测定试样前，应按仪器使用要求预热和校准；

c) 按仪器使用要求制备样品；若为冷冻保存样品，则应解冻并搅拌均匀；

d) 将制备的测定样品置于测量区，读取并记录测定结果；

e) 同一样品测定 2 个试样，用平均值表述测定结果；

f) 同一样品，2 次独立测定结果的相对偏差应小于 5%；

g) 按式（10）计算，计算结果保留 2 位小数。

$$W = (n_7 + n_8)/2 \cdots\cdots\cdots\cdots\cdots (10)$$

式中：

W——水分含量的测定结果，单位为百分率（%）；

n_7——试样一的测定结果，单位为百分率（%）；

n_8——试样二的测定结果，单位为百分率（%）。

【内容解读】

① 直接干燥法操作步骤包括取样制样、干燥、冷却、称重、数据记录及结果计算；快速干燥法操作步骤包括仪器预热校准、取样制样、测定、数据记录及结果计算。

② 于倒数第一至第二胸椎处取样，与肌内脂肪要求一样。

【实际操作】

① 直接干燥法。取约 10 g 试样，置于 103 ℃±2 ℃干燥箱内

烘3h，见图4-71A，取出称量瓶，置于干燥器中冷却至室温，见图4-71B，并称重。

② 快速测定法。测定方法与肌内脂肪测定一样。

A   B

图4-71 直接干燥法

A. 干燥   B. 冷却

国家畜禽遗传资源委员会，2011. 中国畜禽遗传资源志　猪志［M］. 北京：中国农业出版社.

郑友民，2013. 家畜精子形态图谱［M］. 北京：中国农业出版社.

World Health Organization，2009. WHO laboratory manual for the Examination and processing of human semen［M］. 5th ed. Geneva：WHO Press.

图书在版编目（CIP）数据

猪种业标准解读与关键技术实操指南 / 全国畜牧总
站编 . —北京：中国农业出版社，2023.4（2023.9 重印）
（畜禽种业标准解读与关键技术实操指南丛书）
ISBN 978 - 7 - 109 - 30589 - 2

Ⅰ. ①猪⋯　Ⅱ. ①全⋯　Ⅲ. ①种猪—标准—中国—指
南　Ⅳ. ①S828.8 - 65

中国国家版本馆 CIP 数据核字（2023）第 060487 号

中国农业出版社出版

地址：北京市朝阳区麦子店街 18 号楼
邮编：100125
责任编辑：刘　伟　冯英华
版式设计：王　晨　责任校对：张雯婷
印刷：中农印务有限公司
版次：2023 年 4 月第 1 版
印次：2023 年 9 月北京第 2 次印刷
发行：新华书店北京发行所
开本：880mm×1230mm　1/32
印张：7
字数：200 千字
定价：78.00 元